ネットワークシステム構成論

工学博士 岩崎 一彦 著

コロナ社

は　し　が　き

　インターネットは私たちの仕事や学習に大きな影響を与えている。さらに大きな変革を，今後の社会システムにもたらすと思われる。

　本書の目的は，読者がインターネットの基礎技術を実感として"わかる"ようになることである。インターネットをブラックボックスとして扱うのではなく，動作の原理や考え方を理解できるよう配慮したつもりである。つまり，現にインターネットを使っており断片的な知識はあるが，"どこで，なにが，どう"動いているのか系統的に知りたいという読者を想定している。

　上記目的を達するため，物理的な伝送媒体から通信制御手順，そしてネットワークソフトウェアまでの範囲について，身近な事例を中心に記述している。主としてイーサネット，TCP/IP，Windowsを対象としている。実際の信号波形，コマンド，プロトコルトレース，そしてプログラム例を掲載した。実際に試みていただきたい。割当て番号などは実際に見た比較的少数を記載した。実際の運用に対して重要となるセキュリティ技術ならびにフォールトトレランス技術についてもその概要を説明した。

　記載されている技術は基礎的な（やや枯れた）ものが中心であり，必ずしも最新の技術ばかりではない。込み入った条件における動作などは割愛した。インターネットの社会的な影響や倫理的な問題には重大な関心を持っているが本書では対象外とした。

　この分野の変化はきわめて急速であるが，変わらない部分も多く，基本を理解しておくと時代の発展にも十分対応できる。さらに詳しく知りたい読者は参考文献などを参照されたい。最新の技術動向は関連するWWW，電子ニュース，雑誌などから吸収できるであろう。

　本書は東京都立大学（現 首都大学東京）工学部電子・情報工学科ならびに

電気工学科における講義資料を基にした．本書の執筆に当たり，平素から有益なご助言を賜る東京都立大学（現 首都大学東京）大学院工学研究科電気工学専攻の教職員の皆様，さまざまな討論を行ってくれる同情報工学講座の学生諸君，詳細な技術的質問に関してご教示いただく東京都立大学（現 首都大学東京）の教職員ならびに関係者の皆様，ならびに著者の家族に心から感謝の意を表する．

2000 年 3 月

著　者

初版第 8 刷の重版にあたって

　本書は 2000 年に初版を発行して以来，初版第 8 刷まで版を重ねるにいたった．この間，ＴＣＰ／ＩＰの基本は不変であったが，関連するハードウェアならびにソフトウェアの進歩はめざましく，さまざまな技術開発が行われた．

　そこで，第 8 刷にあたって，構成は変更せずに一部の内容や演習問題について修正や更新を行った．修正は首都大学東京システムデザイン学部における講義資料を基にした．同大学の教職員ならびに関係者の皆様に心から感謝の意を表する．

2012 年 9 月

著　者

目　　次

1．インターネットシステムの発展

1.1　情報通信関連技術の発展 ……………………………………………… 1
1.2　インターネット関連団体 ………………………………………………… 3
演 習 問 題 ………………………………………………………………………… 4

2．インターネットの構造

2.1　LAN と WAN の接続形態 …………………………………………… 6
　2.1.1　LAN の接続形態 …………………………………………………… 7
　2.1.2　WAN の接続形態 ………………………………………………… 7
2.2　ドメイン名の構造 ………………………………………………………… 8
　2.2.1　ホスト名の記法 …………………………………………………… 8
　2.2.2　トップレベルドメイン名 ………………………………………… 8
　2.2.3　第2レベル以下のドメイン名 …………………………………… 9
　2.2.4　電子メールアドレス ……………………………………………… 10
2.3　IP アドレスの構造 ……………………………………………………… 10
　2.3.1　IP アドレスのクラス分け ……………………………………… 10
　2.3.2　クラスなしの IP アドレス ……………………………………… 13
2.4　プロトコルの階層構造 ………………………………………………… 13
　2.4.1　パケットによる通信 ……………………………………………… 13
　2.4.2　TCP/IP の階層構造 …………………………………………… 14
演 習 問 題 ……………………………………………………………………… 16

3. 物　理　層

- 3.1 ネットワーク信号の伝達 …………………………………………………18
  - 3.1.1 ベースバンド信号 …………………………………………18
  - 3.1.2 差　動　信　号 …………………………………………18
- 3.2 物理インターフェイスの規格 ……………………………………19
- 3.3 物理層の信号 ……………………………………………………21
  - 3.3.1 10 M ビットイーサネット …………………………………21
  - 3.3.2 100 M ビットイーサネット ………………………………22
  - 3.3.3 G ビットイーサネット ……………………………………24
- 3.4 物理層の機器 ……………………………………………………24
  - 3.4.1 UTP ケーブル，RJ-45 コネクタ …………………………24
  - 3.4.2 同軸ケーブル，トランシーバ ………………………………26
  - 3.4.3 光　フ　ァ　イ　バ ……………………………………27
  - 3.4.4 ネットワーク接続基板（NIC） ……………………………27
  - 3.4.5 リピータ，ハブ ……………………………………………28
- 演　習　問　題 ………………………………………………………29

4. データリンク層

- 4.1 イーサネット ……………………………………………………30
  - 4.1.1 物理アドレス ………………………………………………30
  - 4.1.2 イーサネットのフレーム形式 ………………………………32
- 4.2 CSMA/CD における転送制御 …………………………………35
  - 4.2.1 送　信　制　御 …………………………………………35
  - 4.2.2 受　信　制　御 …………………………………………36
- 4.3 IEEE 802 標準とデータリンク層との関係 ……………………38
- 4.4 データリンク層の機器 ……………………………………………39
  - 4.4.1 ブ　リ　ッ　ジ …………………………………………39
  - 4.4.2 スイッチングハブ …………………………………………39

4.4.3　2重スピードハブ …………………………………40
　演　習　問　題 ……………………………………………………41

5. ネットワーク層

5.1　IP の 働 き ……………………………………………………42
　　　5.1.1　IP データグラムとイーサネットフレーム ………42
　　　5.1.2　IP ヘッダの形式 …………………………………43
　　　5.1.3　IP の 動 作 …………………………………………45
5.2　ARP の 働 き …………………………………………………47
　　　5.2.1　ARP パケットの形式 ……………………………47
　　　5.2.2　ARP の 動 作 ………………………………………48
5.3　ICMP の 働 き …………………………………………………50
　　　5.3.1　ICMP パケットの形式 ……………………………50
　　　5.3.2　ICMP の 動 作 ……………………………………51
5.4　ネットワーク層の機器 ……………………………………53
　　　5.4.1　ル　ー　タ …………………………………………53
　　　5.4.2　3層スイッチ ………………………………………54
　　　5.4.3　ネットワークプリンタ ……………………………54
　演　習　問　題 ……………………………………………………54

6. トランスポート層

6.1　コネクション指向通信とコネクションレス通信 ………56
6.2　TCP による通信 ………………………………………………57
　　　6.2.1　TCP ヘッダの形式 …………………………………57
　　　6.2.2　TCP 接続の確立 ……………………………………60
　　　6.2.3　TCP によるデータ転送 ……………………………62
　　　6.2.4　TCP 接続の終了 ……………………………………64
6.3　UDP による通信 ………………………………………………67
　　　6.3.1　UDP ヘッダの形式 …………………………………67

7. アプリケーション層

- 6.3.2 UDP によるデータ転送 …………………………………………68
- 演習問題 …………………………………………………………………………69

- 7.1 SMTP ……………………………………………………………………71
  - 7.1.1 SMTP のコマンドと応答コード ……………………………71
  - 7.1.2 SMTP の実行シーケンス ………………………………………72
- 7.2 POP3 ……………………………………………………………………73
  - 7.2.1 POP3 のコマンドと応答コード ……………………………73
  - 7.2.2 POP3 の実行シーケンス ………………………………………74
- 7.3 FTP ………………………………………………………………………76
  - 7.3.1 FTP のコマンドと応答コード ………………………………76
  - 7.3.2 FTP の実行シーケンス …………………………………………77
- 7.4 Telnet ……………………………………………………………………79
  - 7.4.1 Telnet のコマンドと応答コード ……………………………79
  - 7.4.2 Telnet の実行シーケンス ……………………………………80
- 7.5 HTTP ……………………………………………………………………82
  - 7.5.1 HTTP のコマンドと応答コード ……………………………82
  - 7.5.2 HTTP の実行シーケンス ………………………………………83
- 演習問題 …………………………………………………………………………85

8. 経路制御

- 8.1 IP データプログラムの転送制御 ………………………………………87
- 8.2 RIP …………………………………………………………………………89
  - 8.2.1 経路表の作成 ………………………………………………………89
  - 8.2.2 RIP パケットの形式 ……………………………………………90
- 8.3 OSPF ……………………………………………………………………92
  - 8.3.1 重み付き有効グラフを用いた経路制御 …………………………92

8.3.2　ダイクストラ法 ･･･ 94
8.4　WAN と LAN の経路制御 ･･･ 95
演　習　問　題 ･･･ 97

9. IP アドレスの扱い

9.1　Ｄ Ｎ Ｓ ･･ 99
　　9.1.1　hosts ファイルを用いた変換 ･･････････････････････････････････ 99
　　9.1.2　DNS を用いた変換 ･･･ 99
　　9.1.3　DNS 用 TCP/UDP パケットの形式 ････････････････････････････ 100
　　9.1.4　IP アドレスからホスト名への変換 ････････････････････････････ 103
9.2　Ｄ Ｈ Ｃ Ｐ ･･･ 104
9.3　プライベート IP アドレスと NAT 技術 ･･････････････････････････････ 105
　　9.3.1　プライベート IP アドレス ････････････････････････････････････ 105
　　9.3.2　アドレス変換 ･･ 106
9.4　プロキシサーバ ･･ 108
演　習　問　題 ･･ 108

10. ネットワークセキュリティ技術

10.1　パ　ス　ワ　ー　ド ･･･ 111
　　10.1.1　パスワードの選択 ･･･ 111
　　10.1.2　一　方　向　関　数 ･･･････････････････････････････････････ 111
　　10.1.3　APOP コマンド ･･･ 112
10.2　不正アクセスの防止 ･･･ 113
　　10.2.1　防火壁（ファイアウォール）････････････････････････････････ 113
　　10.2.2　パケットフィルタリングとアプリケーションゲートウェイ ･･････ 115
　　10.2.3　PASV コマンド ･･･ 117
10.3　コンピュータウイルス ･･･ 118
　　10.3.1　コンピュータウイルスの仕組み ･････････････････････････････ 118
　　10.3.2　コンピュータウイルス対策 ･････････････････････････････････ 120

演習問題 ……………………………………………………………………121

11. フォールトトレランス技術

11.1 サーバ系におけるフォールトトレランス技術 ………………………123
　11.1.1 多重化システム ………………………………………………123
　11.1.2 ディスク装置のフォールトトレランス ……………………124
　11.1.3 自然災害に対するフォールトトレランス …………………126
11.2 ネットワークのフォールトトレランス設計 …………………………126
　11.2.1 DNS サーバの多重化 …………………………………………126
　11.2.2 DNS を用いた複数サーバの制御 ……………………………127
　11.2.3 マルチホーム接続による経路の2重化 ……………………127
11.3 1の補数表現とチェックサム …………………………………………128
11.4 ネットワークの解析 ……………………………………………………130
　11.4.1 ネットワーク解析用コマンドの概要 ………………………130
　11.4.2 コマンドを用いた障害の解析 ………………………………132
　11.4.3 LAN アナライザおよびネットワーク機器性能測定装置 …132
演習問題 ……………………………………………………………………133

12. ネットワークプログラム

12.1 クライアント/サーバモデル …………………………………………135
　12.1.1 並行処理 …………………………………………………………135
　12.1.2 ソケットの考え方 ……………………………………………137
12.2 Winsock …………………………………………………………………138
　12.2.1 Winsock の起動，終了，誤り解析を行う関数 ……………138
　12.2.2 データベース用の関数 ………………………………………140
　12.2.3 IP アドレス表現を変換する関数 ……………………………143
　12.2.4 バイト順序を変換する関数 …………………………………144
　12.2.5 ソケットの作成，実行制御，終了を行う関数 ……………145
　12.2.6 データ転送を行う関数 ………………………………………147

| 12.3 クライアントプログラム ……………………………………………………149
| 12.3.1 日時問合せクライアントプログラム ……………………………149
| 12.3.2 HTML 読出しクライアントプログラム …………………………151
| 12.4 非同期型関数およびその他の関数 ……………………………………153
| 12.4.1 非同期型関数 ………………………………………………………153
| 12.4.2 その他の関数 ………………………………………………………154
| 演 習 問 題 ………………………………………………………………………155

付　　　録 ……………………………………………………………………156

A. 日本工業規格 X 0201 情報交換用符号
　　ローマ文字用 7 単位符号（ASCII コード）………………………………156
B. 10 進数-16 進数変換表 ……………………………………………………157
C. バ イ ト 順 序 ………………………………………………………………158
D. 本書に関連する RFC ………………………………………………………159
E. DHCP のパケットトレース ………………………………………………159
F. tracert コマンドのパケットトレース ……………………………………163

参 考 文 献 ……………………………………………………………………164

ヒントと略解 …………………………………………………………………167

索　　　引 ……………………………………………………………………183

1 インターネットシステムの発展

20世紀中盤以降の技術の発展には目を見張るものがある。1947年にトランジスタが発明されて以降，コンピュータ，ネットワーク，通信技術は私たちの生活を大きく変えてきた。代表的な出来事として，以下の技術をあげることができる。テレビ放送（英国1937年，日本1949年），カラーテレビ放送（米国1953年，日本1960年），原子力発電所（ソ連1954年，日本1963年），東海道新幹線（1964年），全国銀行データ通信システム（1973年），ジャンボジェット機747-400（1988年），Windows 95（1995年），携帯電話（1990年代後半），地上ディジタル放送（2000年代），スマートフォン（2010年代）。これらの技術は私たちの社会にきわめて大きな影響をもたらした。

1章では，コンピュータ，情報通信技術ならびにこれらを支える半導体技術の発展について概観する。そして，インターネットの発展について概略を示す。さらに，現在のインターネットに関する団体について概説する。

1.1　情報通信関連技術の発展

情報通信技術の発展経過を**表1.1**に示す。このうち特に大きな出来事は，コンピュータENIACの発明（1946年），トランジスタの発明（1947年），大型コンピュータIBM 360の開発（1964年），コンピュータネットワークの出現（1969年），マイクロプロセッサ4004の開発（1971年），ワークステーションの発展（1980年代），WWW（World Wide Web）の発明（1992年），検索エンジンの発展（2000年代），スマートフォンの発展（2010年代）であろう。

1. インターネットシステムの発展

表 1.1　情報通信関連技術の発展

	半導体	コンピュータ	コンピュータネットワーク	通信
1940 年代	点接触トランジスタ	ENIAC		マイクロ波通信 テレビ放送（日）
1950 年代	接合型トランジスタ シリコン単結晶 平面型トランジスタ	蓄積プログラム FORTRAN ALGOL		カラーテレビ放送（米） クロスバ電話交換機
1960 年代	集積回路 MOS トランジスタ pnp トランジスタ	IBM 360 PDP 8 CDC 6600	4 ノードのコンピュータネットワーク	カラーテレビ放送（日） 通信衛星 ディジタル伝送
1970 年代	1 Kb メモリ CCD 16 Kb メモリ	4004 (750 kHz) CRAY-I 8086 (5 MHz)	ARPANET 米英ノルウェー接続 イーサネット	自動車電話 DDX 網, FAX 放送衛星
1980 年代	64 Kb メモリ DSP 1 Mb メモリ	80386 (16 MHz) Macintosh UNIX	TCP/IP NSF ネット 日独伊豪他接続	ディジタル交換機 光ファイバ通信 N-ISDN
1990 年代	フラッシュメモリ FPGA 64 Mb メモリ	Pentium (66 MHz) Windows Java	インターネット WWW 商用ネットワーク	ハイビジョン放送 ATM パーソナル携帯電話
2000 年代	青色 LED SoC/SiP 32 Gb フラッシュメモリ	Windows 2 K/XP PS 2/Wii/PS 3 LINUX	無線/Gb イーサネット グーグル フェイスブック	i-mode 地上ディジタル放送 GPS/カーナビ
2010 年代	ムーアの法則終焉 マルチゲート FET TSV	iPad クラウド IoT	WiMAX IPv4 枯渇 スマートフォン	東京スカイツリー LTE/-advanced MIMO

　初期のコンピュータは研究者・技術者の道具あるいは事務計算用として発展し，必ずしも使いやすいものではなかった。しかしながら，1980 年代の Macintosh を契機としてユーザインターフェイスにも改良が加えられた。1995 年に Windows 95 が出現すると，より多くの人がコンピュータを使用するようになった。

　1969 年に 4 台のコンピュータによるネットワークが完成した。これがインターネットの始まりであった。コンピュータネットワークは，研究者の道具として，UNIX とともに発展してきた。1993 年にパーソナルコンピュータ用の

WWWが発明されると，インターネットの利用が爆発的に広がった．特に，TCP/IPと呼ばれる共通の通信規約を用いることにより，異なるアーキテクチャを持つコンピュータ間での通信，情報の共有が可能となった．非互換性の壁を乗り越えることができ，きわめて大きなインパクトとなった．

このような発展を支えたのは半導体技術の発展である．1947年にトランジスタが発明された．50年後の1990年代後半には64Mビットメモリが実用化され，集積度は約6 400万（$6.4×10^7$）倍になった．また，最初のマイクロプロセッサ4004（1971年）の動作周波数は750 kHzであったが，1990年代後半には500 MHzに達し，約25年で670（$6.7×10^2$）倍に高速化した．このほか，磁気ディスク，光ディスクなどの記憶装置の技術革新にも目覚ましいものがあり，情報通信システムの発展に貢献してきた．

インターネットに接続されているホスト（コンピュータ）の数は飛躍的な増大を遂げている．**図1.1**に全世界で接続されているホスト数の概数を示す．企業などにおいて間接的にインターネットに接続しているコンピュータの数を含めるとさらに大きな数字になると思われる．

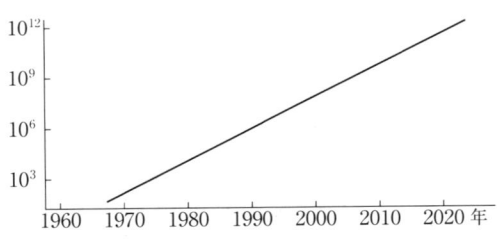

図1.1 全世界でインターネットに接続されているホスト数

1.2 インターネット関連団体

コンピュータを相互に接続するためには，標準化が必要である．インターネットの標準化を統括するような組織は，現在，存在しない．しかし，いくつかの団体が標準化の作業を進めている．

ICANN (The Internet Corporation for Assigned Names and Numbers) はドメイン名，IPアドレスなどを世界規模で管理し調整している。ISOC (Internet Society) はインターネット技術に関する標準化や教育などに関して議論する団体であり，下部組織として IETF (The Internet Engineering Task Force) がある。

IETF は主として提案された標準仕様の変更や追加について実用的な討論を行う。合意された仕様は RFC (request for comments) として公開される。RFC がインターネット技術の事実上の標準となっている。

また，通信関連の ITU (国際電気通信連合)，コンピュータ関連の ISO (国際標準化機構)，電気電子情報工学関連の IEEE (電気電子学会) もインターネット技術にかかわる多くの標準化を行っている。

日本では (社) 日本ネットワークインフォメーションセンター (JPNIC：Japan Network Information Center) が各種の調整などを行っている。関連する日本工業規格 (JIS) も定められている。

―――――――― 演 習 問 題 ――――――――

〔1〕 科学技術の発展は私たちの生活を豊かにした。しかし，プラスの面ばかりではない。私たちと技術の関係について論じよ。
〔2〕 インターネット関連団体のホームページを調査せよ。
〔3〕 RFC 5000 には RFC の経過とまとめが掲載されている。RFC 5000 を閲覧せよ。
〔4〕 インターネットに接続されているホスト数を調査せよ。
〔5〕 インターネットに関する最近の報道を調査せよ。

2 インターネットの構造

　この章では，インターネットの構造を理解するために必要な基礎知識と概念について説明する。3章以降の内容を理解するための項目を含んでいる。

　大学のキャンパスや会社の敷地内といった比較的限定された範囲に敷設されているネットワークはLAN（local area network）と呼ばれる。これに対し，異なる地域に属するLANを接続するネットワークはWAN（wide area network）と呼ばれる。そして，世界規模で接続されているコンピュータネットワークはインターネット（Internet）と呼ばれる。

　ネットワークに接続されるコンピュータやネットワーク機器はホストと総称される。ここでは，コンピュータとホストは区別しないことにする。ホストが通信を行うためにはたがいに認識できなければならない。インターネットに接続されているコンピュータにはそれぞれ唯一にホスト名（コンピュータ名）が割り当てられている。ホスト名はIP（Internet protocol）アドレスと呼ばれる番号と対応付けられている。また，コンピュータが属するグループ（大学，会社など）はドメインと呼ばれる。それぞれのドメインにはドメイン名と呼ばれる名前が付けられている。ドメイン名，ホスト名，IPアドレスの関係とルールについて説明する。

　コンピュータ間で転送される情報はパケットと呼ばれる単位で転送される。パケットを送る手順が通信規約（プロトコル）である。プロトコルとして，物理信号のレベルからコマンドのパラメータに至るまでさまざまなレベルが存在する。プロトコルの考え方と階層的構造について説明する。

2.1 LANとWANの接続形態

2.1.1 LANの接続形態

大学や会社のLANは複数のネットワークから構成されることが普通である。LANを構成するそれぞれのネットワークはサブネットワークと呼ばれる。LANあるいはサブネットワークの接続形態の代表的な例を図2.1に示す。この図で示されるように，バス型，スター型，リング型が用いられている。

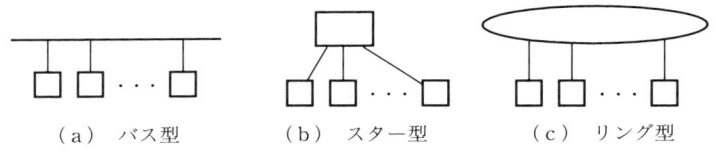

図2.1　LANの接続形態

バス型の接続では，一つのバスに複数のコンピュータが接続される。ある時刻には一組のホスト間でデータの送受信が行われる。1対多の放送型通信が行われることもある。バス型接続の代表例はイーサネット（3章，4章）である。スター型接続では，接続はスイッチで切り替えられる。代表例としてスイッチングハブ（4.4.2項）があげられる。リング型接続では，ホストはリングに接続される。このリングにトークンと呼ばれるパケットが巡回し，送信権の制御を行う。代表例として光ファイバを用いたFDDI（fiber distributed data interface）があげられる。実際のLANでは，バス型，スター型，リング型が組み合わされて構成される。

大学，会社あるいはインターネット接続業者（ISP：Internet service provider）のネットワークに対して，電話回線などを用いて接続することができる。このような接続方法はダイヤルアップ接続と呼ばれる。

インターネットで用いられるさまざまな機能を，学内や社内のサービスに用いることをイントラネットと呼ぶことがある。例えば，学内や社内の連絡ある

いは募集を WWW に掲示すること，あるいは製品の在庫状況をデータベースとしておくことなどである。

さらに，不特定の社外者が社内のデータにアクセスできるシステムをエクストラネットと呼ぶことがある。例えば，運送会社が荷物の配送状況をネットワークのデータとして提供し，利用者がアクセスすることである。電話での問合せに答えるコストが節約できる。

2.1.2 WAN の接続形態

インターネットは全世界の LAN と LAN を相互に接続し構成されたネットワークシステムである。言い換えると，インターネットは限定された範囲を接続する LAN と，LAN 間を接続する WAN から構成される。長距離の接続は通信会社の回線を利用することが多い。人工衛星を用いて接続することもある。

情報を交換する機能は通信制御装置（ルータ）を相互に接続することによって実現される。あるいは集中的に情報を交換するインターネット相互接続点 (IX：Internet exchange) と呼ばれる機能を用いて実現される。プロバイダは直接または他のプロバイダを経由して IX に接続されている。日本国内の接続形態を図 2.2 に示す。非営利団体による IX に加え，商用の IX，さらには学術機関のネットワークなどが相互に接続されている。日本からアメリカ，アジア，ヨーロッパへ接続されている。

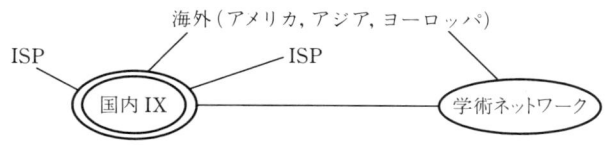

図 2.2 日本国内の WAN とインターネットの接続形態

2.2 ドメイン名の構造

2.2.1 ホスト名の記法

インターネットに接続されているコンピュータは，それぞれグループ（大学，会社など）に属している。このグループを表す名前はドメイン名と呼ばれる。ドメイン名は階層的に構成される。コンピュータにはそれぞれ名前（ホスト名）が割り当てられている。ホスト名の一例を以下に示し，ドメイン名との関係について説明する。

　　　　　www.metro.tokyo.jp

この例では，"jp"はトップレベルドメイン名，"tokyo"は第2レベルドメイン名，"metro"は第3レベルドメイン名と呼ばれる。上記のホスト名は日本の東京の都庁のWWWサーバを表している。このように，ドメイン名およびホスト名は階層構造となっている。より右の名前ほど，より広い範囲を表している。

2.2.2 トップレベルドメイン名

トップレベルドメイン名は表2.1のように決められている。例えば，comは企業を，eduは教育機関であることを表す。国名コードは国家や地域の名称を表す。

表2.1 トップレベルドメイン名

名称	内容	名称	内容
com	企業	aero*	航空業界
edu	教育機関	biz*	企業
gov	米国政府機関	coop*	非営利の共同体
mil	米軍	info*	制限なし
net	ネットワークサポート	museum*	博物館
org	団体	name*	個人
int	国際団体	pro*	弁護士や税理士など
		国名コード	国家や地域名(表2.2)

*2000年にICANNが発表した

国名コードは ISO 3166（JIS X 0304）で標準化されている。その一部を**表2.2**に示す。日本を表すトップレベルドメイン名として jp が割り当てられている。日本の会社が com（トップレベルドメイン名）に属する第 2 レベルドメイン名を取得することも可能である。

表 2.2 国名コード

コード	国 名	コード	国 名
at	オーストリア	jp	日本
au	オーストラリア	kr	韓国
be	ベルギー	nl	オランダ
ca	カナダ	no	ノルウェー
ch	スイス	nz	ニュージーランド
cn	中国	pl	ポーランド
de	ドイツ	se	スウェーデン
es	スペイン	sg	シンガポール
fi	フィンランド	th	タイ
fr	フランス	to	トンガ
gu	グアム	tw	台湾
hk	香港	uk	イギリス*
it	イタリア	us	アメリカ

*ISO 3166 には記載されていない

2.2.3 第 2 レベル以下のドメイン名

日本国内の第 2 レベルドメイン名は**表 2.3**に示される名前が使用されてい

表 2.3 日本国内の第 2 レベルドメイン名

ac	教育および学術機関	
ad	JPNIC 会員	
co	企業（または営利法人）	
ed	幼稚園，小中高校，養護学校，保育所など	
go	日本国政府機関	
gr	任意団体，組織委員会等	
ne	ネットワークサービス	
or	団体（財団法人など）	
lg	地方自治体等（2002 年に新設）	
地域型ドメイン名	fukuoka kyoto tokyo yokohama	福岡県 京都府 東京都 横浜市
	以下省略	
汎用 jp ドメイン名*	制限なし	

* 2000 年に JPNIC が発表した。文字として英数字だけでなく漢字を使うこともできる。

る。例えば ac は教育および学術機関を，co は企業を表す。co.jp は日本の企業を表すことになる。地域型ドメイン名は都道府県などに割り当てられている。日本国内のドメイン名の管理は JPNIC が担当している。

第3レベルドメイン名には大学名や企業名が用いられることが多い。例にあげた metro.tokyo.jp は東京都庁を表し，hachioji.tokyo.jp は八王子市を示す。大規模な組織では第4レベルドメイン名で部局や事業所などを表すこともある。例えば city.hachioji.tokyo.jp は八王子市役所を表す。

ホスト名はドメイン名の左にコンピュータ名を付加することによって記述される。例えば，ホスト名 www.metro.tokyo.jp において www は WWW サーバであることを示す。ホスト名を用いることによってインターネットに接続されたコンピュータが唯一に特定できる。

2.2.4 電子メールアドレス

電子メールアドレスはそのドメインの電子メールサーバに登録されている利用者を特定する。つぎの形式で記述される。

　　　利用者名@ドメイン名

ドメイン名は住所に相当し，利用者名は個人を特定する。"@" 以下には，電子メールサーバのホスト名ではなくドメイン名が指定されることが多い。指定されたドメインには電子メールサーバが存在して電子メールの処理を行う。ドメイン名から電子メールサーバを指定する方法については 9.1 節で説明する。

2.3 IP アドレスの構造

2.3.1 IP アドレスのクラス分け

ドメイン名は英文字と数字の組合せで表されており人間にはわかりやすい。しかしながら，可変長であるのでコンピュータでは扱いにくい。コンピュータの内部では 32 ビット固定長の IP アドレスが用いられている。IP アドレスは世界中に存在するコンピュータの中から唯一に指定するための番号である。ホ

スト名には必ず一つの IP アドレスが対応する。一方で，複数の IP アドレスを持つコンピュータや通信制御装置（ルータ）が存在する。IP アドレスは持つものの，ホスト名は持たないこともある。

IP アドレスはピリオドで区切られた 4 個の 10 進数によって表される。これはドット付 10 進記法と呼ばれる。IP アドレスの記述例を**図 2.3** に示す。32 ビット整数がバイトごとに区切られて 10 進数として表されている。2 元表現も合わせて示す。

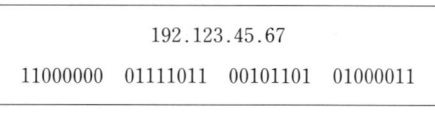

図 2.3　IP アドレス記述の例

IP アドレスは**図 2.4** のようなクラスに分類される。例えば，クラス C の IP アドレスは左から 3 ビットが 110 である。続く 21 ビットがネットワークの区別のために用いられる。さらに，最も右側の 8 ビット分でネットワーク内のホストを区別する。図 2.3 の例において 192 は 2 進数で 1100 0000 であり，クラス C の IP アドレスであることがわかる。続く 21 ビット（123.45 を含む）はそのネットワークに割り当てられた番号を表し，67 はネットワーク内のホストの番号を表す。

クラス A	0	7 ビット	24 ビット	
クラス B	10	14 ビット	16 ビット	
クラス C	110	21 ビット		8 ビット
マルチキャスト	1110	---		
予備	11110	---		

図 2.4　IP アドレスのクラス分け

クラス A，B，C の IP アドレスに対して，ホスト指定部がオール 0 およびオール 1 は特別な意味を持っている。オール 0 はそのネットワーク全体を代表

するための番号である。オール1はそのネットワークに接続されているすべてのホストへの放送を表す。例えば，192.123.45.0 は1個のクラスCネットワークそのものを表す。192.123.45.255 はこのネットワーク全体への放送を表す。

クラス A，B，C の IP アドレスに対して，それぞれ $(2^{24}-2)$，$(2^{16}-2)$，$(2^{8}-2)$ 台までのホストが接続できる。オール0とオール1はホストのIPアドレスとして使用できないので接続個数は2だけ減少する。例えば200台のホストを有するLANに対し，それぞれのホストにIPアドレスを割り当てるためには，クラスCアドレスを1個取得しなければならない。

クラス A，B，C のネットワークを一つのネットワークとして管理運営するよりも，学科・研究室あるいは部課ごとのサブネットワークに分けるほうが現実的である。このように小さなLANに分割するときサブネットマスクが用いられる。サブネットマスクが1である部分はそのネットワークのネットワーク番号の部分を示す。言い換えると，サブネットマスクが0である部分がネットワークの大きさを表す。例えば，サブネットマスク

　　　＃FF FF FF 00 （"＃"は16進数であることを示す）

はネットワークを示す部分が24ビット，ホストを示す部分が8ビットであることを表す。このネットワークでは254台までのホストを接続できる。ネットワーク番号とサブネットマスクを表す方法として，以下の記法が用いられることもある。

　　　10.1.1.0/24

この例では，"10.1.1" がネットワーク番号であり，"/24" は "＃FF FF FF 00" と同じ意味を表す。

放送型パケットはそのサブネットワーク内のすべてのホストに対するトラフィックとなる。サブネットワークに分割することによって放送型パケットによるトラフィックを押さえることができる。オール0とオール1はホストのIPアドレスとして使用できないので，サブネットワークに分割すると割り当てることのできるホスト数は若干減少する。

日本国内のIPアドレスの割当てはJPNICで行われている。JPNICに申請を行いIPアドレスの割当てを受けることができる。あるいは，プロバイダと接続契約を行い，IPアドレスを割り当ててもらうこともできる。後者の場合，プロバイダを変更するとIPアドレスも変わる。

ホスト名からIPアドレスへの対応付けはDNS（domain name system）と呼ばれる機能によって行われる。この機能について9.1節で説明する。

2.3.2 クラスなしのIPアドレス

インターネットに接続される組織やホスト数が増加したので，IPアドレスの枯渇が問題となってきた。そこで，可変長のサブネットマスクを持つ技術が開発された。この技術はCIDR（classless inter-domain routing）と呼ばれる。CIDRを適用することによって，300台のコンピュータを接続するために連続するクラスCアドレスを2個割り当てることが可能となった。CIDRに加え，9.2節で述べるDHCP（dynamic host configuration protocol）ならびに9.3節で述べるNAT（network address translation）技術によって，当面のIPアドレス枯渇は回避されている。長期的にはIPv6と呼ばれる技術が必要になると考えられている。

2.4 プロトコルの階層構造

2.4.1 パケットによる通信

端点Aから端点Bへ情報を伝えるとき，さまざまな方法や仕組みが存在する。日常生活においても，掲示，電話，郵便などによって用途に応じた情報の伝達が行われている。

コンピュータのネットワークにおいても，図2.5に示されるような階層的な構造が採用されている。利用者にとってはWWWが閲覧できたり，電子メールが読めることが重要である。これを支えるためには，アプリケーションソフトウェアだけでなく通信用ソフトウェア，オペレーティングシステム，通信用

14 2. インターネットの構造

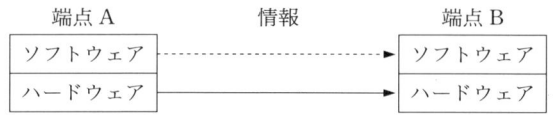

図 2.5　情報伝達の階層構造

基板，ケーブルなどが必要である。

　コンピュータネットワークでは，情報はパケットと呼ばれるかたまりに分けて送られる。パケットには始点 IP アドレスと終点 IP アドレスが付けられている。この IP アドレスを基に，いながらにして世界中のコンピュータに接続できる。

　終点 IP アドレスを基にパケットを適切な方向へ中継する通信制御装置はルータと呼ばれる。ルータによるパケットの中継を**図 2.6** に示す。ルータはパケットに記載されている終点 IP アドレスを解析し，適切な方向に中継を行う。経路制御については 8 章でもう少し詳しく説明する。

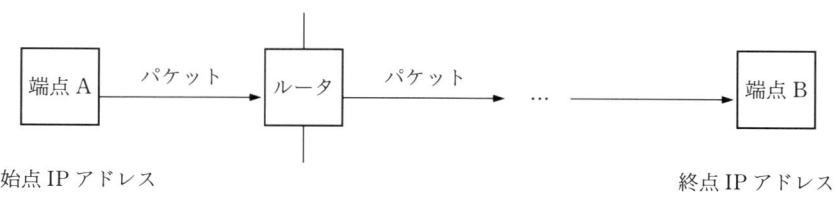

図 2.6　パケットの中継

2.4.2　TCP/IP の階層構造

　通信を実行するための手順は通信規約（プロトコル）と呼ばれる。このようなプロトコルはいくつか存在する。インターネットでは TCP (transmission control protocol)/IP が事実上の標準となっている。TCP/IP は一つのプロトコルの名称ではなく，相互に関連するプロトコルの集りである。TCP/IP は**図 2.7** で示されるような階層構造を持っている。それぞれの階層については 3 章以降で詳しく述べるので，ここではその概要のみを説明する。

　物理層では電気あるいは光のアナログ信号を伝達する。物理層では各種のケ

2.4 プロトコルの階層構造

アプリケーション層	FTP, Telnet, SMTP, HTTP, DNS	SNMP, NFS
トランスポート層	TCP	UDP
ネットワーク層	IP, ICMP, ARP	
データリンク層	イーサネット（802.3），PPP, FDDI（802.5）など	
物理層	より対線，光ファイバ，無線など	

図 2.7　TCP/IP の階層構造

ーブル，無線などが用いられる。データリンク層以上ではディジタル信号を扱う。データリンク層では各基板ごとに割り当てられている物理アドレスに基づいてパケットの転送を行う。ネットワーク層ではIPアドレスに基づいてパケットの転送を行う。パケットが確実に到着する保証はない。トランスポート層ではTCPと呼ばれる接続とUDPと呼ばれる接続が提供される。前者は到着しなかったパケットの再送や順序の入替え等を行う。後者はネットワーク層の接続と同様パケットの到着は保証しない。アプリケーション層はWWWブラウザや電子メールなどを実現するために必要なプロトコルである。

　図2.7で示されるような，プロトコルが積み上げられている構造はプロトコルスタックと呼ばれる。

　TCP/IPとその他のプロトコルの関係について図2.8に示す。ATM（asynchronous transmission mode）やフレームリレーはWANあるいはLANの基幹部分に用いられている。多くのコンピュータはTCP/IPを標準プロトコルとしているので，TCP/IPパケットをATMあるいはフレームリレーで中継することも多い。イーサネットパケットをATMあるいはフレームリレーで中継することもある。

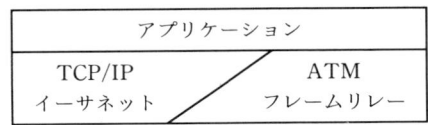

図 2.8　TCP/IP と ATM, フレームリレーの階層構造

16   2. インターネットの構造

　TCP/IP は最善努力（best effort）型のネットワークである。最善努力型のネットワークにおいては，それぞれのコンピュータや通信機器はできるだけの努力をするものの，通信の品質を保証しない。欠点として，ネットワークが混雑しているときは所望の応答時間などが得られないことがあげられる。一方，品質を保証しないことによって，通信に必要な手順を単純化できコストを削減できるという利点がある。

──────────── 演 習 問 題 ────────────

〔1〕 身近にある LAN の接続形態について調査せよ。
〔2〕 日本国内の IX について調査せよ。
〔3〕 tracert コマンド（UNIX では traceroute）を用いて WAN の接続について調査せよ。
〔4〕 第3レベルおよび第4レベルドメイン名の例をあげよ。
〔5〕 日本の会社や団体のうち，com や org に属するドメイン名を取得している例を探せ。
〔6〕 ipconfig -all コマンド（Windows）を用いて，使用しているコンピュータの IP アドレス，サブネットマスクなどを確認せよ。
〔7〕 クラス B の IP アドレスを持つネットワークを，クラス C 相当のサブネットワークに分割したい。サブネットワークの数と接続できるホスト数を計算せよ。
〔8〕 CIDR の国別割当てについて調査せよ。
〔9〕 ping コマンドを用いてパケットの遅延を調査せよ。
〔10〕 システムはしばしば階層的に設計される。例をあげて説明せよ。

3 物理層

　物理層はプロトコルスタックの最下位層に位置し，異なるホストを物理信号のレベルで接続する。これによって，ホストのデータリンク層は物理信号の詳細を知ることなくたがいに通信が可能となる。この章では，身近なイーサネットを中心に説明する。

　物理的に離れたシステム間で情報をやりとりするためには，なんらかの伝送媒体を通して物理信号（電気，光，赤外線，電波）を伝える必要がある。代表的な信号の伝達方式として，ベースバンド信号を用いた転送について説明する。また，シングルエンド方式と差動方式について説明する。

　身近な伝送媒体として，10Mビットイーサネット，100Mビット（ファースト）イーサネット，Gビットイーサネットがあげられる。ここでは，これらを総称してイーサネットと呼ぶことにする。イーサネットにおいてはいくつかの物理インターフェイスが標準化されている。これらの標準には電気/光特性だけでなくケーブルやコネクタの形状なども含まれる。詳細は日本工業規格，IEEE標準などを参照されたい。

　さらに，電気信号の中継にはリピータやハブと呼ばれる通信機器が用いられる。コンピュータをネットワークに接続するためにはネットワーク接続基板が必要である。これらの機器についても説明する。

3.1 ネットワーク信号の伝達

3.1.1 ベースバンド信号

ディジタル値を伝送するとき，2値（ハイレベル，ローレベル）のまま伝送する方法となんらかのアナログ信号に変換して伝送する方法がある。前者はベースバンド伝送方式と呼ばれる。後者においては伝送する媒体（ケーブル，無線など）の特性に合わせてディジタル信号をアナログ信号に変換する。

イーサネットでのデータ転送はベースバンド伝送方式が用いられている。図3.1にベースバンド伝送方式の例を示す。伝送路上でも，"0101"という信号が伝えられる。

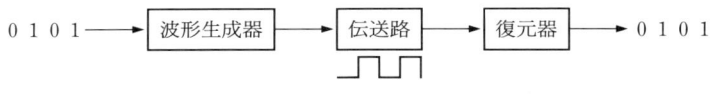

図 3.1　ベースバンド信号を用いたデータ転送の例

3.1.2 差動信号

ディジタル信号を電気信号として伝えるためにつぎの方式が用いられる。

（1）シングルエンド方式
（2）差動方式

シングルエンド方式では，送信者と受信者が共通に接地をとり，信号線の電圧レベルによって信号を伝送する。しかし，特にパーソナルコンピュータの接地をとることは必ずしも容易ではない。接地付コンセント（確実に接地されている）がつねに提供されることは期待できない。そこで，差動方式と呼ばれる方法がしばしば用いられる。差動方式においては2本の信号線の電位差によって信号を伝達する。

図3.2にシングルエンド方式と差動方式の違いを示す。図(a)はシングルエンド方式を示す。送信者と受信者は共通の接地線を有している。送信者が信号

3.2 物理インターフェイスの規格

図 3.2 シングルエンド方式と差動方式

線 A にハイレベルを入力すれば，受信者はハイレベルを受け取る．送信者が信号線 A にローレベルを入力すれば，受信者はローレベルを受け取る．これによってディジタル信号 "0"，"1" の送受信が可能となる．

一方，図(b)は差動方式を示す．送信者が "1" を送信するとき信号線 A の電位を信号線 B よりも高く設定し，"0" を送信するとき信号線 A の電位を信号線 B よりも低く設定する．受信者は信号線 A と信号線 B の電位差を検出することによって "0"，"1" を受け取る．差動方式の利点は送信者と受信者が共通の接地を必要としないことである．

3.2 物理インターフェイスの規格

複数のホストをたがいに接続するためには物理インターフェイスを統一しなければならない．イーサネットのおもな規格の名称とその概要を**表 3.1** に示

表 3.1 イーサネットのおもな規格とその概要

名　称	概　　要
10BASE-T	より対線を用いた 10 Mb/s CSMA/CD LAN
10BASE2	同軸ケーブル(thin ケーブル)を用いた 10 Mb/s CSMA/CD LAN
10BASE5	同軸ケーブル(thick ケーブル)を用いた 10 Mb/s CSMA/CD LAN
10BASE-F	光ファイバを用いた 10 Mb/s CSMA/CD LAN
100BASE-T	100 Mb/s CSMA/CD LAN の総称
100BASE-X	100BASE-TX と 100BASE-FX の総称
100BASE-TX	より対線を用いた 100 Mb/s CSMA/CD LAN
100BASE-FX	光ファイバを用いた 100 Mb/s CSMA/CD LAN
1000BASE-T	より対線を用いた 1 000 Mb/s CSMA/CD／全 2 重 LAN
1000BASE-LX/SX	光ファイバを用いた 1 000 Mb/s 全 2 重 LAN

す．

10BASE，100BASE，1000BASE はそれぞれ 10 Mb/s，100 Mb/s，1 000 Mb/s のベースバンド伝送方式を示す．BASE より右側の記号は媒体の種類を表す．例えば T はより対線を，F は光ファイバを，X は FDDI 準拠であることを表す．CSMA/CD (carrier sense multiple access with collision detection) はデータ転送の制御方式を表す（4.2 節）．

物理層はさらにいくつかの副層から構成される．イーサネットにおける物理層の階層構造の概略を図 3.3 に示す．10 M ビットイーサネットでは，データリンク層は物理信号制御（PLS）と接続している．PLS ではマンチェスタ符号化/復号化（3.3.1 項）が行われる．PLS は AUI（台形型 15 ピンコネクタ）を介して物理媒体アタッチメント（PMA）と接続される．PMA は媒体依存インターフェイス（MDI）を介して，ケーブルや光ファイバなどの媒体（medium）の駆動を行う．媒体接続ユニット（MAU）はコネクタを含む装置を意味し，PMA は回路機能を示す．PMA はケーブルや光ファイバに接続される．

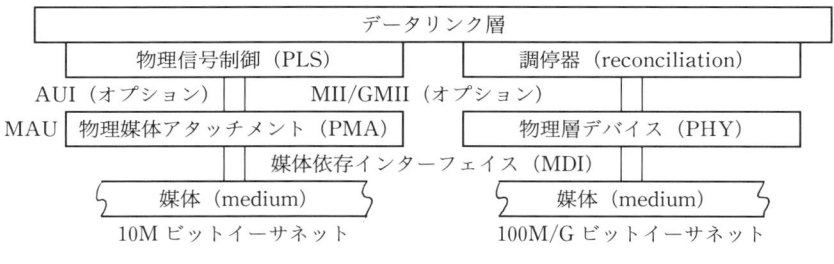

図 3.3　イーサネットにおける物理層の階層構造

100 M/G ビットイーサネットにおいては，データリンク層は調停器と接続している．調停器はデータリンク層が扱うディジタル信号と MII/GMII 信号との変換を行う．調停器は MII/GMII を介して物理層デバイス（PHY）に接

3.3 物理層の信号　*21*

続される。物理層デバイスはシリアル/パラレル変換や物理層符号化（3.3.2項）などを行う。物理層デバイスはMDIを介して媒体を駆動する。

　MIIは4ビット幅の25 MHzで動作する。GMIIは8ビット幅の125 MHzで動作する。10Mビットイーサネットにおいても MII を用いることができる。

　イーサネットのうち，10BASE-T，100BASE-TX，1000BASE-Tの比較を**表3.2**に示す。フレーム形式，フレームサイズは3方式とも共通である。互換性を重視した結果である。フレーム形式，フレームサイズ，アクセス制御については4章で説明する。

表3.2　イーサネット3方式の比較

方式名	10BASE-T	100BASE-TX	1000BASE-T
データ転送レート	10 Mb/s	100 Mb/s	1 Gb/s
信号周波数	10 MHz	31.25 MHz	62.5 MHz
伝送路符号化	マンチェスタ符号	4B/5B+MLT-3	8B1Q4
媒体	UTPケーブル（カテゴリ3）	UTPケーブル（カテゴリ5）	UTPケーブル（カテゴリ5e）
片方向/双方向	片方向通信2組	片方向通信2組	双方向通信4組
フレーム形式	イーサネット	イーサネット	イーサネット
フレームサイズ	64 B〜1 518 B	64 B〜1 518 B	64 B〜1 518 B*
アクセス制御	CSMA/CD，スイッチ	スイッチ，CSMA/CD	スイッチ

＊大きいサイズも検討中

3.3　物理層の信号

3.3.1　10Mビットイーサネット

　10Mビットイーサネットの伝送路符号化について説明する。10Mビットイーサネットでは**図3.4**に示されるように，1クロックサイクル（100 ns）の前

図3.4　10Mビットイーサネットにおけるマンチェスタ符号

半にハイレベルがあれば"0",後半にハイレベルがあれば"1"である。このような対応付けはマンチェスタ符号と呼ばれる。図で示される信号は位相がたがいに180度異なる位相変調と見なすこともできる。100 ns で1ビット分の情報を転送できるので,10 Mb/s のデータ転送レートが実現される。

図 3.5 に観測されたイーサネットフレームの一例を示す。図(a)はフレーム全体を示す。図(b)の上半分は図(a)の先頭部分の拡大図である。図(b)の下半分は上半分の四角内を拡大したものである。図(b)においてデータ"1011 0001 00"が転送されている。

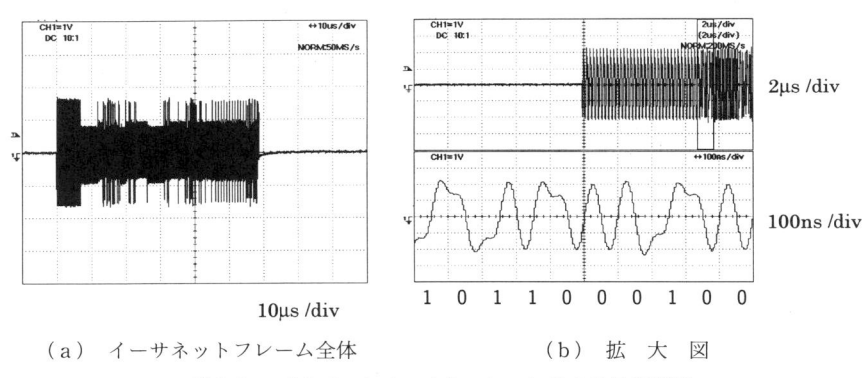

(a) イーサネットフレーム全体　　　　(b) 拡大図

図 3.5　10 M ビットイーサネットにおける信号観測例

3.3.2　100 M ビットイーサネット

100 M ビットイーサネットにおいては,"0"および"1"は1クロックサイクルの期間それぞれローレベルおよびハイレベルとなる。しかし,"0"あるいは"1"が連続すると交流成分が現れない。直流値は媒体上を伝わりにくいので交流成分が生じるようにする必要がある。100 M ビットイーサネットでは 4B/5B 変換と呼ばれる方法を用い,4ビットデータを5ビットデータに変換する。表 3.3 に 4B/5B 変換の変換表を示す。この変換を行うことにより,どんなデータに対しても"0"および"1"が適度な頻度で現れる。

100BASE-FX においては,データは 4B/5B 変換後,NRZI (non return to zero, invert on ones) 方式に基づいて符号化される。NRZI 方式ではデータの

3.3 物理層の信号

表 3.3 4B/5B 変換表

4B	5B	4B	5B
0000	11110	1000	10010
0001	01001	1001	10011
0010	10100	1010	10110
0011	10101	1011	10111
0100	01010	1100	11010
0101	01011	1101	11011
0110	01110	1110	11100
0111	01111	1111	11101

値が1のとき信号の極性を反転させる。100BASE-FX では 125 MHz のクロック（1 サイクル 8 ns）が用いられる。ハイレベルからつぎのハイレベルまで最小2クロック（16 ns）必要なので信号周波数は 62.5 MHz となる。40 ns（8 ns×5）で4ビットの情報を転送するので 100 Mb/s のデータ転送レートとなる。

100BASE-TX においては，NRZI 符号化されたデータはさらにスクランブルと呼ばれる操作を受けた後，MLT-3（multi-level transmission-3）と呼ばれる3値信号へ変換される。MLT-3 では "1" が生じるごとに 0→+1→0→−1→0 と変化する。100BASE-TX では 125 MHz のクロック（1 サイクル 8 ns）が用いられる。"+1" からつぎの "+1" まで最小4クロック（32 ns）必要なので信号周波数は 31.25 MHz となる。スクランブル操作については参考文献を参照されたい。40 ns（8 ns×5）で4ビットの情報を転送するので 100 Mb/s のデータ転送レートとなる。

元のデータ	0	1	1	1	0	0	1	0	1	1
NRZI	0	1	0	1	1	1	0	0	1	0
MLT-3	0	+1	+1	0	−1	0	0	0	+1	+1

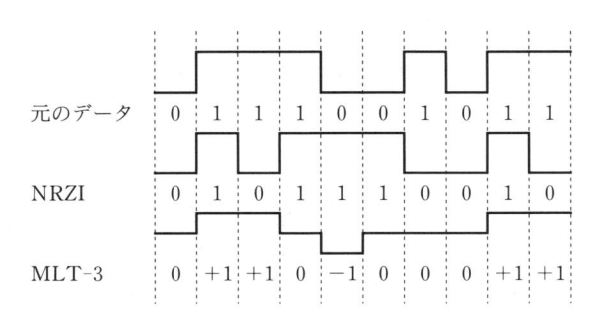

図 3.6 NRZI および MLT-3 による符号化例

ディジタル信号を NRZI で符号化し，さらに NRZI 信号を MLT-3 で符号化した例を図 3.6 に示す．元のデータ "01110 01011" に対し，NRZI では "1" が生じるたびに信号の極性が反転している．MLT-3 では "1" が生じるたびに $0 \rightarrow +1 \rightarrow 0 \rightarrow -1 \rightarrow 0$ と変化している．

3.3.3 G ビットイーサネット

1000BASE-T においては，8 ビットデータ（最大 2^8 通り）はスクランブルと呼ばれる操作を受けた後 9 ビットに変換される．さらに，8B1Q4（8 bit-1 quinary quartet）と呼ばれる 5 値 4 組信号（最大 5^4 通り）へ変換される．1000BASE-T では 125 MHz のクロック（1 サイクル 8 ns）が用いられる．4 組の信号（8 ビット分の情報）はそれぞれ最小 8 ns で変化する．信号周波数は 62.5 MHz となる．スクランブル操作および 8B1Q4 の詳細については参考文献などを参照されたい．8 ns で 8 ビットの情報を転送するので 1 Gb/s のデータ転送レートとなる．

1000BASE-LX/SX においては，8 ビットデータは 8B/10B 変換によって 10 ビットデータに変換され，光ファイバへ伝えられる．1000BASE-LX/SX では 1.25 GHz のクロック（1 サイクル 0.8 ns）が用いられる．信号は最小 0.8 ns で変化するので信号周波数は 625 MHz である．8B/10B 変換の詳細は参考文献などを参照されたい．8 ns（0.8 ns×10）で 8 ビットの情報を転送するので 1 Gb/s の転送レートとなる．

3.4 物理層の機器

3.4.1 UTP ケーブル，RJ-45 コネクタ

10BASE-T，100BASE-TX および 1000BASE-T では UTP（unshielded twisted pair）ケーブルが用いられる．図 3.7 に UTP ケーブルの構造と信号割当てを示す．このケーブルには 8 本の信号線がある．2 本ずつより合わされ，さらに 4 組がたがいにより合わされているので，より対（twisted pair）

3.4 物理層の機器

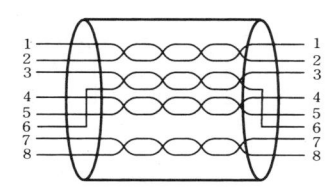

番号	10BASE-T, 100BASE-TX	1000BASE-T
1,2	transmit，出力	
3,6	receive，入力	4組の5値信号
4,5	使用しない	それぞれ双方向通信
7,8	使用しない	

図 3.7　UTPケーブルの構造と信号

線と呼ばれている。これは信号間の干渉が小さくなるように設計されている。

10BASE-T および 100BASE-TX では 4 組の信号線のうち 2 組がデータの転送に用いられる。それぞれ片方向通信である。ホストから見たとき入力信号（receive）が一組，出力信号（transmit）が一組である。1000BASE-T では 4 組の信号線でそれぞれ双方向通信が行われる。

UTPケーブルにはいくつかの種類がある。おもな分類を**表 3.4**に示す。UTPケーブル（カテゴリ 3）は 10 M ビットイーサネットで用いられる。UTPケーブル（カテゴリ 5）は 100M ビットイーサネットで用いられ，G ビットイーサネットではカテゴリ 5e 以上が用いられる。UTPケーブルのカテゴリはケーブルに印刷されている。UTPケーブルの電気的特性などについては日本工業規格（JIS X 5150）に詳しく記載されている。

イーサネットでは RJ-45 コネクタ（通称）が用いられる。RJ-45 コネクタの外観を**図 3.8**に示す。

表 3.4　UTPケーブルの分類

分　類	最大周波数
カテゴリ 3	16 MHz
カテゴリ 5/5e	100 MHz
カテゴリ 7	600 MHz

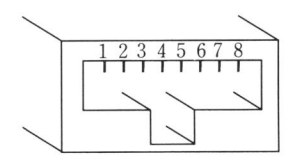

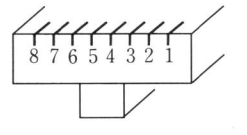

図 3.8　RJ-45 コネクタの外観

3.4.2　同軸ケーブル，トランシーバ

10BASE-5 では同軸ケーブルが使用される。初期のケーブルの色が黄色だったのでイエローケーブルと呼ばれている。黄色以外のケーブルも商用化されている。図 3.9 にイエローケーブルの構造を示す。中心部に信号を伝える導体があり，その周りを絶縁体で囲み，さらにその外側を導体で覆い，さらに外皮で覆っている。イエローケーブルには 2.5 m ごとに印が付けられている。この位置にトランシーバを取り付ける必要がある。

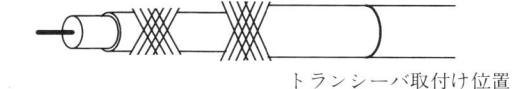

図 3.9　イエローケーブルの構造

イエローケーブルの両端には 50 Ω の終端抵抗（ターミネータ）を接続しなければならない。終端抵抗は信号の反射を防止し，ケーブルの長さが無限であるように見せかける。イエローケーブルは，遅延時間の関係から，500 m 以内のケーブルを 3 本（計 1 500 m）まで接続できる。

イエローケーブルの入出力を行うためにトランシーバと呼ばれる装置を用い

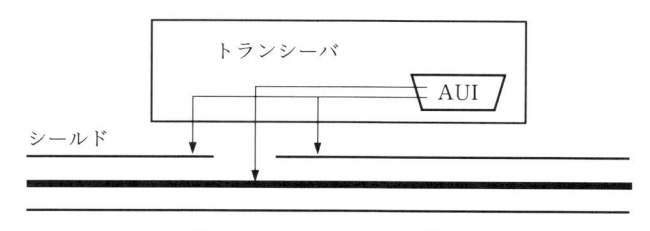

図 3.10　トランシーバの構造

る。トランシーバの構造を図3.10に示す。中心の信号線と外側の導体との間に電位差を加えることによって送信が行われる。受信者は中心の信号線と外側の導体との電位差を検出することによって信号を受信する。トランシーバのインターフェイスとしてAUIが用いられている。

3.4.3 光ファイバ

10BASE-F，100BASE-FXおよび1000BASE-LX/SXは光通信を行うインターフェイスである。光ファイバとして，シングルモード光ファイバおよびマルチモード光ファイバが実用化されている。光コネクタとしていくつかの種類が提供されている。

光ファイバの構造を図3.11に示す。クラッドおよびコアはそれぞれ屈折率の異なる材料（ガラスなど）である。入射角がある大きさを越えると全反射が生じる。シングルモード光ファイバのコア径はマルチモードのコア径よりも小さい。このためシングルモード光ファイバでは光の直進性が高く，遠距離（数km以上）の通信に適している。近距離配線としては安価なマルチモード光ファイバが用いられる。

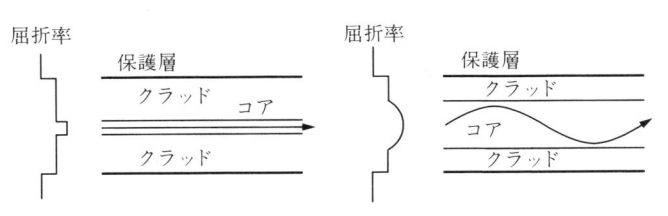

（a）シングルモード光ファイバ　（b）マルチモード光ファイバ

図3.11　シングルモード光ファイバとマルチモード光ファイバ

3.4.4 ネットワーク接続基板（NIC）

インターネットのホストはネットワーク接続基板（NIC：network interface card）を通してネットワークと接続される。NICの典型的な構成を図3.12に示す。NICとパーソナルコンピュータは標準バス（例えばPCIバス）

```
コンピュータの                                          ネットワーク
インターフェイス   | 専用ディジタル LSI | アナログ信号処理部 |   (RJ-45 コネクタなど)
  （PCI など）
```

図 3.12 ネットワーク接続基板（NIC）の構成例

を介して接続される。パソコンからのコマンドは専用のディジタル LSI で処理される。ディジタルデータはアナログ信号処理部で所定の物理層信号に変換され，RJ-45 コネクタなどを通じてネットワークへ伝えられる。ネットワークからの入力信号はアナログ信号処理部でディジタル信号に変換される。その後，専用ディジタル LSI の制御の下でパーソナルコンピュータへ転送される。

3.4.5 リピータ，ハブ

ネットワーク間を物理信号のレベルで増幅/接続する装置がリピータである。リピータは電気信号を整形したり，電気信号と光信号を相互に変換する。媒体の変換（例えば電気信号と光信号）を行うリピータはメディア変換リピータと呼ばれる。**図 3.13** には光リピータを用いた接続を示す。光ファイバを用いる光リピータは構内の離れた建物間の接続などに使用される。

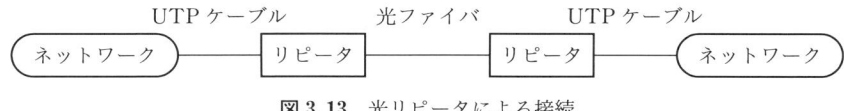

```
           UTP ケーブル      光ファイバ      UTP ケーブル
(ネットワーク)――| リピータ |―――――| リピータ |――(ネットワーク)
```

図 3.13 光リピータによる接続

ハブは物理的にスター型接続を行うリピータである。ハブを用いた接続例を**図 3.14** に示す。あるホストからのパケットはハブに接続されているすべてのホストに伝えられる。物理的にはスター型接続であり，論理的にはバス型接続である。

ネットワークへの接続台数を増やすため，ハブを多段に接続にすることも可能である。ハブの段数は 4 段に制限されている。G ビットイーサネットではリピータは 1 段に制限されている。接続段数が増加するとパケットの時間遅れが大きくなり，安定した動作ができなくなる。

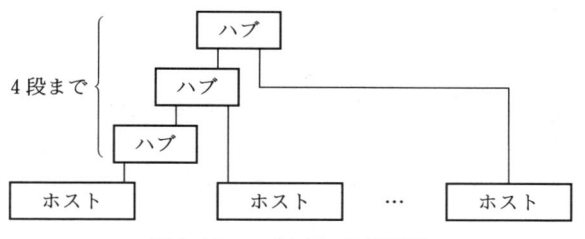

図 3.14 ハブを用いた接続例

　ハブやネットワーク接続基板には自動ネゴシエーション機能が備わっていることが多い。自動ネゴシエーション機能を用いると，インターフェイスの違い（例えば 10BASE-T と 100BASE-TX）を検出し，より高速なインターフェイスを用いて転送を行う。

演 習 問 題

〔1〕 図 3.5(a) に示される 10M ビットイーサネットのパケット長（バイト数）を求めよ。

〔2〕 データリンク層からの長さ 500，1 000，1 500 バイトのパケットが 10BASE-T，100BASE-TX，1000BASE-T 上を通過する時間を求めよ。

〔3〕 カテゴリ 3 の UTP ケーブルを用いて，データ 0110 0111 を伝送するときの波形を示せ。

〔4〕 データ 11010 11101 を NRZI で符号化し，さらに MLT-3 で伝送するときの波形を示せ。

〔5〕 身近にある UTP ケーブルのカテゴリを調査せよ。

〔6〕 光が 1 km 伝搬するための時間を求めよ。東京-ニューヨーク間（約 11 000 km）を光が往復するための時間を求めよ。

〔7〕 ネットワーク接続基板，リピータ，ハブ，ケーブルなどの仕様や価格を調査せよ。

〔8〕 リピータやスイッチングハブの構造を調査せよ。

〔9〕 光ファイバの構造ならびに光コネクタの種類について調査せよ。

〔10〕 UTP ケーブルにはストレート型とクロス型がある。構成の違いと用途の違いを説明せよ。

4 データリンク層

　データリンク層は物理層を介して接続されるホストに対し通信リンクを提供する。すなわち，ケーブルやリピータによって接続されるホストに対し，物理層を使用する権利を調停し，物理アドレスに基づくパケット転送を行う。

　データリンク層のプロトコルとしてイーサネットが広く使われている。本章ではイーサネットにおけるパケット転送の仕組みを説明する。イーサネットでは，パケットの転送制御はCSMA/CD (carrier sense multiple access with collision detection) と呼ばれる方式が用いられている。イーサネットでは6バイトの物理アドレスが用いられ，パケットの転送は物理アドレスに基づいて制御される。詳しくは日本工業規格，IEEE標準を参照されたい。

　ブリッジおよびスイッチングハブはデータリンク層の情報，すなわち物理アドレスを扱う機器である。これらについて説明する。

　データリンク層の通信にはイーサネットのほか，トークンリング，電話線/専用回線による端点間の通信，あるいはLANとLANを接続するWANの通信が含まれる。これらについては市販の参考書などを参照されたい。

4.1　イーサネット

4.1.1　物理アドレス

　イーサネットに接続されているコンピュータは，図4.1に示されるように，ネットワーク接続基板（NIC：network interface card）が物理的な接続点である。ネットワーク接続基板にはそれぞれの基板を識別するために固有の物理

4.1 イーサネット

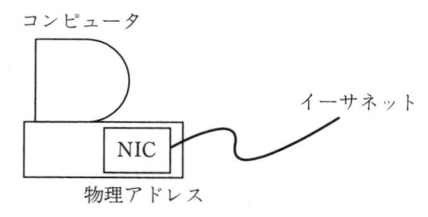

図 4.1 コンピュータのイーサネットへの接続

アドレスが割り当てられている。

物理アドレスの形式を図 4.2 に示す。物理アドレスは 6 バイト (48 ビット) である。6 バイトのうち左の 3 バイトが製造業者に割り当てられている。残りの 3 バイトは各製造業者が各基板に対しそれぞれ異なる値を割り当てる。ある物理アドレスを有するネットワーク接続基板は世界に 1 台だけ存在する。

メーカ番号（3 バイト）	メーカごとの番号（3 バイト）

図 4.2 物理アドレスの形式

製造業者用に割り当てられている番号の一部を表 4.1 に示す。物理アドレスは 1 バイトごとにハイフンあるいはコロンで区切られて表記される。6 バイトの物理アドレスがオール 1 であるパターンは放送型と呼ばれる。放送型パケッ

表 4.1 物理アドレスの割当て例

番号(16 進数)	製造業者
# 00-00-0E	Fujitsu
# 00-00-4C	NEC
# 00-00-87	Hitachi
# 00-00-F4	Allied Telesis
# 00-05-02	Apple (PCI)
# 00-10-4B	3 Com
# 00-20-6B	Minolta (NW printers)
# 00-80-C8	D-link
# 00-C0-4F	Dell
# 08-00-1F	Sharp
# 08-00-20	Oracle
# 08-00-5A	IBM
# 44-45-53	Microsoft (Windows)
# FF-FF-FF-FF-FF-FF	放送型

トを受け取ったネットワーク接続基板は必要な処理を実行しなければならない。

ホストのネットワーク接続基板を交換すると，そのホストが使用する物理アドレスは以前とは異なる。また，複数のネットワーク接続基板を有するホストは基板の数だけ物理アドレスを有することになる。

物理アドレスはハードウェアアドレス，MAC（media access control）アドレス，あるいはイーサネットアドレスと呼ばれることもある。

4.1.2 イーサネットのフレーム形式

イーサネットのパケットはイーサネットフレームと呼ばれる。イーサネットフレームの形式を図4.3に示す。以下のフィールドから成っている。プリアンブルおよびSFD（start frame delimiter）部，終点物理アドレス，始点物理アドレス，イーサネットタイプ，データ，フレームチェック系列である。プリアンブル部を除いて，フレーム長は64バイト以上1518バイト以下でなければならない。また，データ部の最大長はMTU（maximum transmission unit）と呼ばれる。イーサネットではMTU＝1500バイトである。イーサネットフレーム間には12バイト分以上の間隔が必要である。

| プリアンブル SFD (8 B) | 終点物理 アドレス (6 B) | 始点物理 アドレス (6 B) | イーサネット タイプ (2 B) | データ (46〜 1500 B) | フレームチェック系列 (4 B) | 12 B〜 |

フレーム長（64 〜 1 518 B）

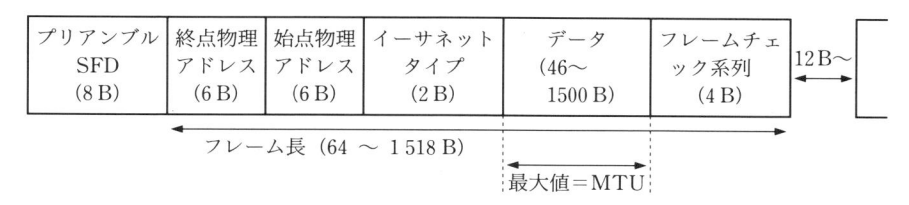

最大値＝MTU

図4.3 イーサネットフレームの形式

以下にイーサネットフレームの各フィールドについて説明する。

- **プリアンブルおよびSFD部**（8バイト）　プリアンブル部は7バイトから構成され，各バイトのパターンは10101010である。プリアンブル部はイーサネットフレームの先頭に配置されクロック抽出（ビットレベルの同期）のために用いられる。SFDのパターンは10101011であり，バイトレベルの同期を

とるために用いられる。SFDパターンの直後から物理アドレスが始まる。

- **終点物理アドレス**（6バイト）　終点物理アドレスはそのイーサネットフレームの送り先を表す。終点物理アドレスがオール1（#FF-FF-FF-FF-FF-FF）のとき放送型を表す。
- **始点物理アドレス**（6バイト）　始点物理アドレスはそのイーサネットフレームを送出したネットワーク接続基板の物理アドレスを表す。
- **イーサネットタイプ**（2バイト）　イーサネットタイプはイーサネットフレームの型を表す。表4.2に割当ての一部を示す。TCP/IPにおいてIP（5.1節）を使用するときイーサネットタイプは#0800となり，ARP（5.2節）を使用するとき#0806となる。また，イーサネットタイプの値が#0000～#05DCであるとき，このイーサネットフレームはIEEE 802.3形式であることを示す。Apple Talk, Netwareなどではそれぞれ独自の番号が割り当てられている。このフィールドを使い分けることにより，1本のケーブル上にTCP/IP, Apple Talk, Netwareなどを共存させることができる。

表4.2　イーサネットタイプの割当て

番号(16進数)	タイプ
#0800	IP
#0806	ARP
#0000～#05DC	IEEE 802.3形式

- **データ部**（46バイト以上1500バイト以下）　データ部の長さは最小46バイトから最大1500バイトである。データ部が46バイトのときフレーム長は64バイトとなる。データ部が1500バイトのときフレーム長は1518バイトとなる。1バイトの情報を転送するときでも64バイトのイーサネットフレームが必要である。
- **フレームチェック系列FCS**（4バイト）　データ転送中に混入する誤りを検出するための冗長部分である。つぎの原始多項式を用いている。

$$G(x) = x^{32} + x^{26} + x^{23} + x^{22} + x^{16} + x^{12} + x^{11} + x^{10} + x^8 + x^7 + x^5 + x^4 + x^2 + x + 1$$

誤りを見逃す確率は約 2^{-32} である。誤り検出の原理については市販の参考書などを参照されたい。

イーサネットフレームは最大約 12 000 ビット長となる。この間クロックずれを生じさせないためには，

$$10^{-4}$$

程度以上の精度が必要となる。10 M ビットイーサネットでは，0.01% 以上のクロック精度が求められている。

図 4.4 にイーサネットフレームの転送例を示す。この例では，終点物理アドレス #00-00-0E-35-0A-A2 へ始点物理アドレス #00-80-C8-2F-2E-2E からイーサネットフレームが送られている。イーサネットタイプとして #0800 が指定され IP パケットであることが示されている。続いてデータが送信され，最後に 4 バイトのフレームチェック系列が付加されている。データの内容については次章以降で説明する。

```
終点物理アドレス:   #00-00-0E-35-0A-A2
始点物理アドレス:   #00-80-C8-2F-2E-2E
フレーム型:        イーサネット
フレーム長:        82
プロトコル:        [#0800] IP
フレームチェック系列: FCS

0000  00 00 0E 35 0A A2 00 80 C8 2F 2E 2E 08 00 45 00   ...5.「.□ネ/....E.
0010  00 40 91 00 00 00 20 11 AE C7 85 56 XX XX 85 56   .@*... .ヨヌ・..・
0020  YY YY 04 0F 00 35 00 2C E6 6F 00 01 01 00 00 01   .....5.,誅.....
0030  00 00 00 00 00 00 03 77 77 77 05 6D 65 74 72 6F   .......www.metro
0040  05 74 6F 6B 79 6F 02 6A 70 00 00 01 00 01 FC SF   .tokyo.jp.....
0050  CS FC
```

図 4.4 イーサネットフレームの転送例

図 4.5 に，終点物理アドレスが放送型（オール 1）であるイーサネットフレームの転送例を示す。この例では，始点物理アドレス #00-80-C8-2F-2E-2E から終点物理アドレス #FF-FF-FF-FF-FF-FF へパケットが送られている。イーサネットタイプとして #0806 が指定され ARP パケットであることが示される。さらに ARP に関するデータが続き，最後に 4 バイトのフレームチェック系列が付加されている。ARP については 5.2 節で説明する。

4.2 CSMA/CD における転送制御

```
終点物理アドレス: #FF-FF-FF-FF-FF-FF broadcast
始点物理アドレス: #00-80-C8-2F-2E-2E

フレーム型:       イーサネット
フレーム長:       64
プロトコル:       [#0806] ARP
フレームチェック系列: FCS

0000  FF FF FF FF FF FF 00 80  C8 2F 2E 2E 08 06 00 01   ÿÿÿÿÿÿ.ネ/.....
0010  08 00 06 04 00 01 00 80  C8 2F 2E 2E 85 56 XX XX   ......ネ/...
0020  00 00 00 00 00 00 85 56  YY YY PP PP PP PP PP PP   ......・..
0030  PP PP PP PP PP PP PP PP  PP PP PP PP FC SF CS FC
```

図 4.5　放送型イーサネットフレームの転送例

イーサネット上では各バイトごとに最右ビットから順に転送される。例えば
　"00 80 C8 2F"
は 2 進数として以下のように表される。
　"0000 0000　1000 0000　1100 1000　0010 1111"
バイトごとに最右ビットから転送すると，以下の順で転送される。
　"0000 0000　0000 0001　0001 0011　1111 0100"

4.2　CSMA/CD における転送制御

4.2.1　送　信　制　御

イーサネットには複数のホストが接続されているのでケーブルを使用する権利を調停する必要がある。イーサネットでは CSMA/CD (carrier sense multiple access with collision detection) と呼ばれる方式を採用している。

図 4.6 にイーサネットフレームの送信制御を示す。上位層から送信すべきデータを受け取ると図 4.3 で示されるイーサネットフレームを作成する。つぎに，送信ホストはイーサネット上に信号が流れているかどうかを調べる。信号が流れていればそのフレーム転送が終了するまで転送開始を延期する。信号が流れていなければイーサネットフレーム送信を開始する。複数のホストがほとんど同時に送信を開始する可能性もあるので信号衝突があったかどうか監視する。信号衝突を検出せずにフレームの転送が終了すれば転送完了となる。信号

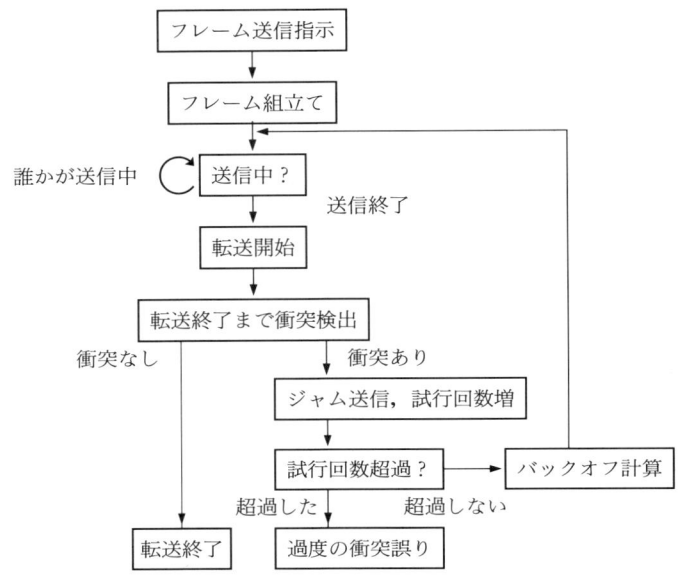

図4.6 イーサネットフレームの送信制御

衝突を検出した場合，ジャム信号を発生してそのフレーム転送を取消し，試行回数を1だけ増やす。16回連続してフレーム転送に失敗した場合，"過度の衝突誤り"を報告して処理を終了する。試行回数が所定の値以下であればバックオフ時間（再送信の待ち時間）を計算しその期間転送を待つ。バックオフ時間が終了したら再送信を試みる。バックオフ時間は以下の範囲でランダムに選択する。

$$0 \leq バックオフ時間 \leq 2^k \times 512 \text{ ビット時間}$$

ただし，$k=\min(n,10)$であり，nは試行回数を表す。512ビット時間は10Mビットイーサネットでは$51.2\mu s$である。

混雑しているときは試行回数nが大きくなりバックオフ時間が長くなる。その結果，ホスト間の通信に時間がかかるので応答時間が長くなる。

4.2.2 受 信 制 御

同様にイーサネットフレームの受信制御を**図4.7**に示す。ネットワーク接続

4.2 CSMA/CD における転送制御　37

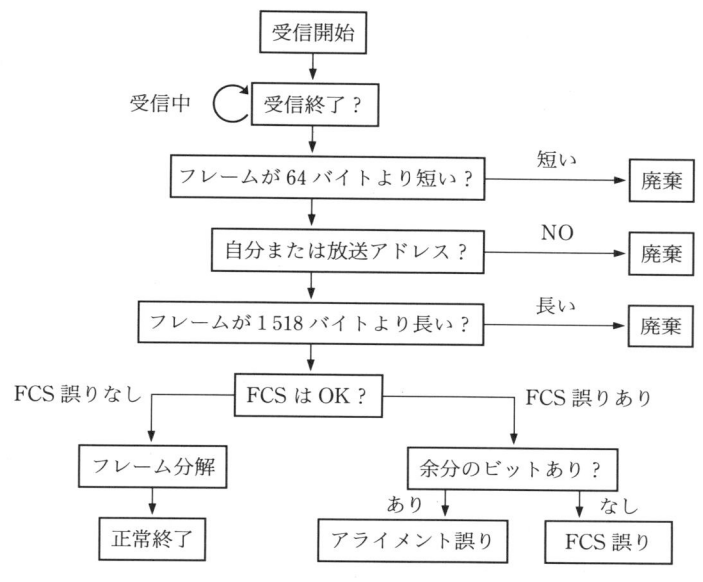

図 4.7 イーサネットフレームの受信制御

基板が信号を検出するとフレームの取込みを行う。取り込んだフレームに対しフレーム長を調べる。フレーム長が 64 バイトより短い場合には，そのフレームは衝突の結果生じたものと見なしてそのまま廃棄する。つぎに，自分自身の物理アドレスと比較する。一致した場合および放送型パケットのとき取り込む。そうでない場合はそのまま廃棄する。つぎにフレーム長が 1 518 バイトより長いかどうか調べる。長ければなんらかの誤りが生じていると判断しそのフレームを廃棄する。所定の長さに収まっていればフレームチェック系列 FCSを調べる。

　計算された FCS とフレーム中の FCS が一致したとき，誤りのないフレームが受信されたと見なす。計算された FCS と送信された FCS が一致しないときFCS の後にさらにデータが続くかどうか調べる。後続データがあったときアライメント誤りを報告する。FCS の後にデータが続かないとき FCS 誤りを報告する。

　CSMA/CD 方式の利点は実装が容易なことである。つまり，バス使用権獲

得のための調停を行わず衝突を検出したとき再送を行う。CSMA/CD 方式の欠点は帯域幅が十分には利用できないことである。

4.3 IEEE 802 標準とデータリンク層との関係

IEEE 802 標準とイーサネットとの関係を図 4.8 に示す。IEEE は電気電子情報工学関連の学会名である。IEEE 802 標準ではデータリンク層を LLC (logical link control) 副層と MAC (media access control) 副層に分けている。802.2 標準は LLC 副層に関するものであり，802.3 標準は MAC 副層と物理層に関するものである。802.3 標準は最初の 802.3 標準に加え 802.3 a，802.3 b，… 標準からなっている。

上位層		TCP/IP		
データ リンク層	LLC 副層	IEEE 802.2		
	MAC 副層	802.3, 3a, 3i	802.3u	802.3z, 3ab
物理層		10BASE 5/2/-T	100BASE-T/-X	1000BASE-X/-T

図 4.8 イーサネットと IEEE 802 標準

LLC 副層（802.2 標準）は媒体のアクセス方式に依存しない接続制御を行う。すなわち，切断モード，接続中，正常状態，ビジー状態などを遷移しながら接続制御を行う。一方，MAC 副層は媒体アクセス方式に依存した接続制御を行う。4.2 節で示したような CSMA/CD 方式は MAC 副層に属する制御である。このようにデータリンク層を二つの副層に分けることによって，異なる物理層に対して MAC 副層を変えるだけで LLC 副層として共通のソフトウェアが使用できる。

802.3 標準では 802.3 型フレーム（図 4.3 のイーサネットフレームとは若干異なる）が規定されている。イーサネットではイーサネットフレームが広く用いられている。イーサネットではフレーム形式を除いて，MAC 副層，LLC 副層および物理層のいずれも IEEE 802 標準が用いられている。

4.4 データリンク層の機器

4.4.1 ブリッジ

ブリッジはデータリンク層のレベルでネットワークどうしを接続する。すなわち，物理アドレスに基づいて必要なパケット転送を行う。

ブリッジによって部内 LAN と幹線が接続された例を図 4.9 に示す。

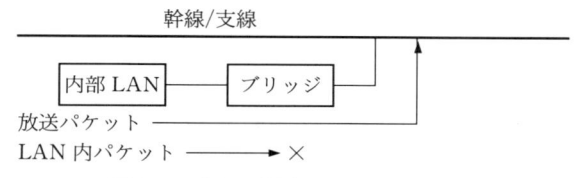

```
                幹線/支線
      ┌──────────────────┬──
  ┌──────┐    ┌──────┐   │
  │内部LAN│────│ブリッジ│───┘
  └──────┘    └──────┘
   放送パケット ─────────────→
   LAN 内パケット ────→ ×
```

図 4.9 ブリッジを用いた LAN の接続

ブリッジは部内 LAN のイーサネットフレームの始点物理アドレスを見ることによって，部内 LAN に接続されているホストの物理アドレスを知ることができる。この物理アドレスを基に部内ホスト間のイーサネットフレームを部内 LAN にとどめ，幹線に転送しないように制御できる。その結果，幹線のトラフィックを抑えることができる。ただし，終点物理アドレスが放送型であるパケットは部内 LAN だけでなく幹線/支線にも転送される。

4.4.2 スイッチングハブ

スイッチングハブはイーサネットフレームの物理アドレスを解析して転送方向を決定する。スイッチングハブを用いたシステムの接続例を図 4.10 に示す。スイッチングハブはスイッチなので，サーバとクライアント A 間の転送ならびにクライアント B，C 間の転送を同時に実行できる。これによってシステム全体の転送効率が向上する。

スイッチングハブを実現する方式として，

40   4. データリンク層

```
          ┌──────┐
          │ サーバ │
          └──────┘
             ↑
       ┌──────────┐
       │スイッチングハブ│
       └──────────┘
        ↓    ↓    ↓
  ┌─────────┐ ┌─────────┐ ┌─────────┐
  │クライアントA│ │クライアントB│ │クライアントC│
  └─────────┘ └─────────┘ └─────────┘
```
図 4.10   スイッチングハブを用いた接続

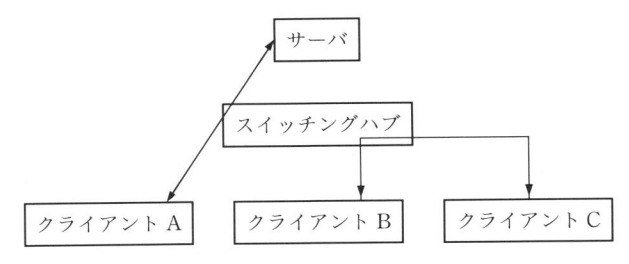

（1） カットスルー方式
（2） ストアアンドフォワード方式

がしばしば用いられる。カットスルー方式では物理アドレスを見てイーサネットフレームのスイッチを切り替える。一方，ストアアンドフォワード方式ではいったんメモリに蓄えた後に転送を行う。前者の方式は遅延時間が少ないものの，FCS 誤りを含むフレームも転送される。後者の方式では，余分な転送は行われないが，いったんメモリに保存されるので始点ホストから終点ホストまでの遅延時間が長くなる。

スイッチングハブは物理アドレスを基にパケットの転送制御を行うので2層スイッチと呼ばれることもある。

4.4.3   2重スピードハブ

複数の転送速度に対応できる2重スピードハブが実用化されている。例えば，サーバとスイッチングハブ間は 100BASE-TX に，スイッチングハブとクライアント間は 100BASE-TX または 10BASE-T に設定できる。

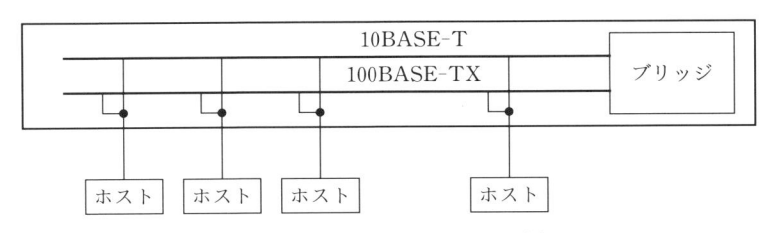

```
  ┌────────────────────────┬──────┐
  │         10BASE-T        │      │
  ├─┬──┬──┬──┬──────┬──┤ブリッジ│
  │ │  │  │  │100BASE-TX│  │      │
  └─┴──┴──┴──┴──────┴──┴──────┘
    │   │   │               │
  ┌───┐┌───┐┌───┐         ┌───┐
  │ホスト││ホスト││ホスト│         │ホスト│
  └───┘└───┘└───┘         └───┘
```
図 4.11   2重スピードハブの構成例

2重スピードハブの構成例を**図4.11**に示す。10BASE-Tネットワークと100BASE-Tネットワークはそれぞれ別に結線され，これらの間をブリッジが接続している。ホストは自動ネゴシエーション機能（3.4.5項）によって10BASE-Tまたは100BASE-TXネットワークへ接続する。ブリッジはそれぞれのネットワークに接続されるホストの物理アドレスを知ることができる。ブリッジはこの物理アドレスを基に，同一ネットワークまたは別ネットワークへパケットを転送する。

演習問題

〔1〕 ipconfig -all コマンドを用いて，身近にあるコンピュータの物理アドレスを確認せよ。

〔2〕 物理アドレスの割当てについて調査せよ。

〔3〕 イーサネットを用いて物理アドレス#12-34-56-78-90-ABから放送型のIPパケットを転送するときのフレームを示せ。データは図4.4で示されるものと同一とする。フレームチェック系列は計算しなくてもよい。

〔4〕 "080020"のイーサネット上でのビット配列を示せ。また，図3.5(b)で示される"1011000100"のデータはどのようなデータか調べよ。このあと，どのようなビット列が続くと考えられるかその理由を述べよ。

〔5〕 10Mビットイーサネットにおいて1バイトデータをそれぞれ別のイーサネットフレームで転送するときの転送レートを求めよ。

〔6〕 イーサネットフレームの送出において，試行回数 $n=12$ におけるバックオフ時間の最大値と平均値を求めよ。

〔7〕 イーサネットフレームの転送において短いフレームが生じる原因を述べよ。

〔8〕 図4.10においてスイッチングハブの代わりにリピータを用いたときの利害得失を調べよ。

〔9〕 市販のスイッチングハブの仕様，価格などを調査せよ。

〔10〕 無線LANではCDMA/CAと呼ばれる方式が用いられる。この方式について調査せよ。

5 ネットワーク層

ネットワーク層はデータリンク層のすぐ上の層であり，IP（Internet protocol）と呼ばれるプロトコルがその中心である。この章では，IPおよび関連するプロトコルの働きについて説明する。

IPのパケットはIPデータグラムと呼ばれる。IPデータグラムはIPヘッダ部とデータ部に分けられる。IPヘッダにはIPアドレスならびに転送制御に関連する情報が含まれる。データ部には上位層（トランスポート層）のパケットが格納される。

ネットワーク層では物理アドレスを気にすることなく，始点IPアドレスから終点IPアドレスにIPデータグラムが転送される。

ネットワーク層にはIPのほか，ARP（address resolution protocol），ICMP（Internet control message protocol）と呼ばれるプロトコルが含まれる。ARPはIPアドレスと物理アドレスを対応付けるために用いられる。ICMPはエラー情報や制御情報を転送するために用いられる。これらのプロトコルのパケット形式と動作についても説明する。

ネットワーク層の機器としてルータおよび3層スイッチがあげられる。これらの概要を説明する。ネットワークプリンタについても述べる。

5.1 IPの働き

5.1.1 IPデータグラムとイーサネットフレーム

図5.1に示されるように，IPデータグラムはイーサネットフレームのデー

5.1 IPの働き　43

終点物理アドレス (6 B)	始点物理アドレス (6 B)	タイプ #0800 (2 B)	IPデータグラム		フレームチェック系列 (4 B)
			IPヘッダ (20 B〜)	データ (〜1480 B)	

IPデータグラム部分: 46〜1500 B

図 5.1 IPデータグラムとイーサネットフレーム

タ部に格納される。言い換えると，IPデータグラムの前後にイーサネットフレームの情報が付加される。イーサネットタイプは#0800が指定される。イーサネットフレームにおけるデータ長は46バイト以上1500バイト以下なので，イーサネット上のIPデータグラムの長さはこの範囲に制限される。

IPデータグラムはIPヘッダ部とデータ部に分けられる。IPヘッダの長さは20バイト以上である。IPデータグラムのデータ部は最大1480バイトである。データ部には上位層（トランスポート層）のデータが格納される。IPヘッダとデータの合計が46バイトに満たないときデータ部には適当なデータ（例えばスペース：ASCIIコード#20）が詰め込まれる。

5.1.2 IPヘッダの形式

IPヘッダには始点IPアドレス，終点IPアドレスならびに転送制御に必要な情報が組み込まれる。IPヘッダの形式を**図 5.2**に示す。オプションがないときIPヘッダの長さは20バイトとなる。オプションがあるときIPヘッダは4バイト単位で長くなる。

版(4 b)	ヘッダ長(4 b)	サービスタイプ (8 b)	データグラム長 (16 b)	
フラグメント識別子 (16 b)			フラグ(3 b)	フラグメントオフセット (13 b)
TTL (8 b)		プロトコル (8 b)	ヘッダチェックサム (16 b)	
始点IPアドレス (32 b)				
終点IPアドレス (32 b)				
オプション（可変長，32 bの倍数）				

図 5.2 IPヘッダの形式

以下に，IP ヘッダの各部分の説明を行う。

- **版**（4 ビット） 版は IP のバージョンを表す。現在は第 4 版の IP がおもに使用されているのでこの部分は 4 である。今後は第 6 版も広く用いられる可能性がある。

- **ヘッダ長**（4 ビット） IP ヘッダのバイト数を 4 で割った値を格納する。オプションがないとき IP ヘッダ長は 20 バイトなので 5 が指定される。

- **サービスタイプ**（8 ビット） パケット処理の優先度などを指定する部分である。1990 年代後半まではほとんど使用されていなかった（オール 0 が指定されていた）。しかし，サービス品質を保証する面から見直される可能性がある。

- **データグラム長**（16 ビット） IP ヘッダとそれに続く TCP/UDP ヘッドおよび有効なデータの合計バイト数を示す。イーサネットでは 1 500 以下が指定される。しばしば 46 バイトよりも小さい。

- **フラグメント識別子 ID**（16 ビット） それぞれの IP データグラムに対し一つの識別子が割り付けられる。IP データグラムはフラグメント（より小さい IP データグラム，フラグメントオフセットが異なる）に分割され転送されることがある。このとき，受信者はフラグメント識別子とフラグメントオフセットを基に再組立てを行う。

- **フラグ**（3 ビット） フラグメント化の制御を指定する。左の 2 ビットが "00" のときフラグメント分割可能，"01" のとき分割禁止を示す。さらに "000" のとき後続するフラグメントなし，"001" のとき後続するフラグメントありを示す。

- **フラグメントオフセット**（13 ビット） IP データグラムがフラグメントに分割されたときに使用される。分割されていないときは 0 が指定される。

- **寿命**（**TTL : time to live**）（8 ビット） IP データグラムの生存時間を指定する。IP データグラムはルータによって中継されるたびに TTL が 1 だけ減じられる。システムに障害が生じても IP データグラムが無限時間存在することを防止できる。最大 255 個までのルータを通過できる。

- **プロトコル**（8 ビット）　IP データグラムが運ぶ上位層のプロトコルを指定する。**表** 5.1 にプロトコル割当ての一部を示す。ICMP は 5.3 節，TCP は 6.2 節，UDP は 6.3 節，OSPF は 8.3 節で説明する。

表 5.1　プロトコル番号

プロトコル番号	プロトコル
01 (#01)	ICMP
06 (#06)	TCP
17 (#11)	UDP
89 (#59)	OSPF

- **ヘッダチェックサム**（16 ビット）　IP ヘッダに生じた誤りを検出するために用いられる。ヘッダ部分を 16 ビットの整数と見なし 1 の補数の加算結果を格納する。詳しい計算方法は 11.3 節を参照されたい。

- **始点 IP アドレス**（32 ビット）　IP データグラムの転送元 IP アドレスを示す。

- **終点 IP アドレス**（32 ビット）　IP データグラムの転送先 IP アドレスを示す。

- **オプション**（0 または 32 ビットの倍数）　使用されることはまれなので詳細は省略する。

5.1.3　IP の動作

図 5.3 に，始点 IP アドレス 133.86.xx.xx（#85.56.XX.XX）から終点 IP アドレス 133.86.yy.yy（#85.56.YY.YY）への IP データグラムの転送例を示す。転送されるデータは "l"（ASCII コード #6C）と "s"（ASCII コード #73）である。

パケット 83, 85 はホスト（133.86.xx.xx）からの，パケット 84, 86 はホスト（133.86.yy.yy）からのパケットである。いずれのパケットもイーサネットタイプは #0800 であり，IP は第 4 版，IP ヘッダ長は 20 バイト，サービスタイプは #00，IP データグラム長は 41（#29）バイト，プロトコルは TCP（#06）である。

46   5. ネットワーク層

```
Packet 83:  00-80-C8-2F-2E-2E -> 00-00-0E-35-0A-A2, [0800] IP
IP,    133.86.xx.xx -> 133.86.yy.yy
       Version: 04,    IP header length: 05 (32 bit words)
       Service type:  0:  Precedence: 0, Delay: Norm, Throug: Norm, Reliab: Norm
       Total IP length: 41, ID: 2401h, Fragments: No, Time to live: 32
       PROTOCOL: [6] TCP, Header checksum: 84B2 (GOOD)
Data   6C                                              l
0000   00 00 0E 35 0A A2 00 80  C8 2F 2E 2E 08 00 45 00    ...5.「.□ネ/....E.
0010   00 29 24 01 40 00 20 06  84 B2 85 56 XX XX 85 56    .)$.@. .┤・..・
0020   YY YY 04 21 00 17 00 ED  EC 52 1C F3 69 E6 50 18    ...!...  R.・覘
0030   22 08 F7 55 00 00 6C                                ".・..l     i覘.

Packet 84:  00-00-0E-35-0A-A2 -> 00-80-C8-2F-2E-2E, [0800] IP
IP,    133.86.yy.yy -> 133.86.xx.xx
       Version: 04,    IP header length: 05 (32 bit words)
       Service type:  0:  Precedence: 0, Delay: Norm, Throug: Norm, Reliab: Norm
       Total IP length: 41, ID: 4C62h, Fragments: No, Time to live: 59
       PROTOCOL: [6] TCP, Header checksum: 8151 (GOOD)
Data   6C                                              l
0000   00 80 C8 2F 2E 2E 00 00  0E 35 0A A2 08 00 45 00    .□ネ/.....5.「..E.
0010   00 29 4C 62 00 00 3B 06  81 51 85 56 YY YY 85 56    .)Lb..;._ ・..・
0020   XX XX 00 17 04 21 1C F3  69 E6 00 ED EC 53 50 18    .....!.・*.   SP.
0030   3E BC DA A0 00 00 6C 39  C9 51 A0 90                >シ..l9ノQ 川SP.

Packet 85:  00-80-C8-2F-2E-2E -> 00-00-0E-35-0A-A2, [0800] IP
IP,    IDおよびチェックサム以外パケット83と同じ
       ID: 2501h, Header checksum: 83B2 (GOOD)
Data   73                                              s
0000   00 00 0E 35 0A A2 00 80  C8 2F 2E 2E 08 00 45 00    ...5.「.□ネ/....E.
0010   00 29 25 01 40 00 20 06  83 B2 85 56 XX XX 85 56    .)%.@. .Y・..・
0020   YY YY 04 21 00 17 00 ED  EC 53 1C F3 69 E7 50 18    ...!...  S.・躅
0030   22 07 F0 54 00 00 73                                ".・..s     i躅.

Packet 86:  00-00-0E-35-0A-A2 -> 00-80-C8-2F-2E-2E, [0800] IP
IP,    ID, チェックサム以外パケット83と同じ
       ID: 4C63h, Header checksum: 8150 (GOOD)
Data   73                                              s
0000   00 80 C8 2F 2E 2E 00 00  0E 35 0A A2 08 00 45 00    .□ネ/.....5.「..E.
0010   00 29 4C 63 00 00 3B 06  81 50 85 56 YY YY 85 56    .)Lc..;.  ・}A・
0020   XX XX 00 17 04 21 1C F3  69 E7 00 ED EC 54 50 18    *....!.・*.   TP.
0030   3E BC D3 9E 00 00 73 C6  2B 7B A0 90                >シモ*..sニ+{ 川TP.
```

図 5.3   IP データグラムの転送例

　パケット 83, 85 において，フラグメント識別子（ID）はそれぞれ # 2401, # 2501 である．パケット 84, 86 において，フラグメント識別子（ID）はそれぞれ # 4C62, # 4C63 である．その分だけヘッダチェックサムの値が変化している．パケット 83, 85 においてはフラグメント禁止（010）が，パケット 84,

86においてはフラグメント可能（000）が指定されている。フラグメントオフセットはいずれもオール0である。また，パケット83，85においてはTTL＝32（#20）であり，パケット84，86においてはTTL＝59（#3B）である。

IPヘッダの後部にはTCPヘッダが続いている。TCPヘッダについては6.2節で詳しく説明する。

IPデータグラムは転送途中のルータなどの混雑によって廃棄されることがある。すなわち，必ず終点に到達する保証がない。また，大きなデータが複数のIPデータグラムに分けられたとき，その到着順序は保証されない。また，なにかの事情によって同じIPデータグラムが複数個到着することもある。このような場合の制御は上位層（トランスポート層）の仕事である。

5.2 ARPの働き

5.2.1 ARPパケットの形式

ネットワーク層はIPヘッダを組み立てた後にデータリンク層にIPデータグラムを渡す。このとき，データリンク層に対し終点物理アドレスを提供する必要がある。終点IPアドレスから，終点または中継ホストの終点物理アドレスを知るプロトコルがARPである。ARPパケットであることは，イーサネットタイプ#0806（表4.2）で指定される。

図5.4にARPパケットの形式を示す。以下に，ARPパケットの各部分の説明を行う。

- **ハードウェア**（2バイト）　イーサネットに対し1が指定される。
- **プロトコル**　IPデータグラムに対して#0800が指定される。
- **物理アドレス長**（1バイト）　イーサネットに対し物理アドレス長6が指定される。
- **IPアドレス長**（1バイト）　TCP/IPに対しIPアドレス長4が指定される。
- **操作コード**（2バイト）　ARP要求のときは1が，ARP応答のときは2

ハードウェア (16 b)		プロトコル (16 b)
物理アドレス長 (8 b)	IPアドレス長 (8 b)	操作コード (16 b)
始点物理アドレス (計 48 b)		
始点物理アドレス (計 48 b)		始点 IP アドレス (計 32 b)
始点 IP アドレス (計 32 b)		終点物理アドレス (計 48 b)
終点物理アドレス (計 48 b)		
終点 IP アドレス (32 b)		

図 5.4　ARP パケットの形式

が指定される。

- **始点物理アドレス** (6 バイト)，**始点 IP アドレス** (4 バイト)　始点ホストの物理アドレスおよび IP アドレスが指定される。
- **終点物理アドレス** (6 バイト)，**終点 IP アドレス** (4 バイト)　終点または中継ホストの物理アドレスおよび終点ホストの IP アドレスが指定される。ARP 要求のとき終点物理アドレスは意味を持たない。

5.2.2　ARP の動作

図 5.5 を用いて ARP の動作を説明する。ホスト 1 からホスト 2 に IP データグラムを転送する場合を考える。ホスト 1 はホスト 2 の IP アドレス IP2 を知っているが物理アドレス PA2 は知らないとする。そこで，ホスト 1 はネットワーク A に対し ARP 要求 (PA1, IP1, IP2 を含む) を放送する。ホスト 2 は ARP 要求の PA1, IP1 を利用して，ホスト 1 に対して ARP 応答 (PA2, IP2, PA1, IP1 を含む) を返す。ホスト 1 は ARP 応答に含まれる PA2 を用いて，ホスト 2 に転送するイーサネットフレームを組み立てる。

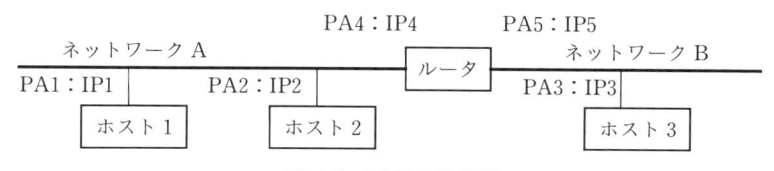

図 5.5　ARP の動作例

5.2 ARPの働き

ホスト1がルータを越えてホスト3にIPデータグラムを転送する場合を考える。ホスト1はホスト3のIPアドレスIP3を知っておりルータ（IP4）がIPデータグラムを中継することを知っているとする。ただし，ルータの物理アドレスPA4は知らないとする。まず，ホスト1はARP要求/応答を用いてルータの物理アドレスPA4を得る。つぎに，ホスト1はルータの物理アドレスPA4に対してIPデータグラム（終点IPアドレスIP3）を送る。ルータは始点物理アドレスPA1をルータの物理アドレスPA5に，終点物理アドレスPA4をホスト3の物理アドレスPA3に付け替えて，ネットワークBにIPデータグラムを転送する。

ARPキャッシュを備えることによって，ARPパケットの発生回数を抑えることができる。

図5.6にARP要求とそれに対する応答のパケットトレースを示す。パケット1は始点ホスト（133.86.xx.xx）が終点ホスト（133.86.yy.yy）の物理ア

```
Packet 1:  00-80-C8-2F-2E-2E -> broadcast, [0806] ARP
ARP     REQUEST
    Hardware Type: [1] ETHERNET,   Protocol type: [0800]  IP
    Source host:           133.86.xx.xx
    Destination host:  133.86.yy.yy
    Source Hardware address:       00-80-C8-2F-2E-2E
    Destination Hardware address:  00-00-00-00-00-00

0000  FF FF FF FF FF FF 00 80 C8 2F 2E 2E 08 06 00 01   ÿÿÿÿÿÿ.□ネ/.....
0010  08 00 06 04 00 01 00 80 C8 2F 2E 2E 85 56 XX XX   ........□ネ/...
0020  00 00 00 00 00 00 85 56 YY YY                     ......・..

Packet 2:  00-00-0E-35-0A-A2 -> 00-80-C8-2F-2E-2E, [0806] ARP
ARP     REPLY
    Hardware Type: [1] ETHERNET,   Protocol type: [0800]  IP
    Source host:           133.86.yy.yy
    Destination host:  133.86.xx.xx
    Source Hardware address:       00-00-0E-35-0A-A2
    Destination Hardware address:  00-80-C8-2F-2E-2E

0000  00 80 C8 2F 2E 2E 00 00 0E 35 0A A2 08 06 00 01   .□ネ/.....5.「....
0010  08 00 06 04 00 02 00 00 0E 35 0A A2 85 56 YY YY   .........5.「・..
0020  00 80 C8 2F 2E 2E 85 56 XX XX 20 20 20 20 20 20   .□ネ/...・..
0030  20 20 20 20 20 20 20 20 20 20
```

図5.6　ARPパケットの例

ドレスを得るためのARP要求である。ARP要求において，イーサネットフレームの終点物理アドレスとして#FF-FF-FF-FF-FF-FFが指定されネットワークに放送される。イーサネットタイプは#0806が指定されている。ハードウェアはイーサネット（#0001）であり，プロトコルはIP（#0800），物理アドレス長は6，IPアドレス長は4，操作コードは1が指定されている。続いて，始点物理アドレス，始点IPアドレスが指定されている。終点物理アドレスは意味を持たない。最後に終点IPアドレスが指定されている。フレーム長は46バイト以上でなければならないため18バイト不足している。この部分には適当な値が詰め込まれる（図示されていない）。

パケット2はホスト（133.86.yy.yy）からのARP応答である。操作コードは2（ARP応答）が指定されている。ホスト（133.86.yy.yy）の物理アドレス#00-00-0E-35-0A-A2が転送されている。終点IPアドレスの後ろに18個のスペース（ASCIIコード#20）が詰め込まれている。

5.3 ICMPの働き

5.3.1 ICMPパケットの形式

ICMPはネットワーク上で生じたエラーや制御情報の伝達を行うプロトコルである。ICMPパケットの先頭20バイトはIPヘッダと同一の形式である。プロトコル部にはICMP（表5.1, #01）が指定される。図5.7にICMPパケ

版(4b)	ヘッダ長(4b)	サービスタイプ (8b)	データグラム長 (16b)	
フラグメント識別子 (16b)			フラグ(3b)	フラグメントオフセット (13b)
TTL (8b)		プロトコル (8b)	ヘッダチェックサム (16b)	
始点IPアドレス (32b)				
終点IPアドレス (32b)				
タイプ (8b)		コード (8b)	チェックサム (16b)	
関連情報（タイプによって異なる）				

図5.7　ICMPパケットの形式

ットの形式を示す。始点IPアドレスはエラーを発見したホストあるいは制御情報を発信したホストのIPアドレスである。終点IPアドレスはエラー情報や制御情報を受け取るべきホストのIPアドレスである。これに続き，タイプ，コード，チェックサムが指定され，さらに関連情報が付加される。

ICMPタイプはエラーや制御情報の種類を示す。ICMPタイプの一部を**表5.2**に示す。例えば，ICMPタイプ0（エコー応答）はICMPタイプ8（エコー要求）に対する応答である。ICMPタイプ3はIPデータグラムが終点ホストに到達できなかったことを示す。エラーの詳細な内容はコード部に示される。

表5.2 ICMPタイプ

タイプ	概要
0	エコー応答
3	終点に到達できない
4	発信抑制(受信者のバッファ不足のため)
5	転送先の変更指定
8	エコー要求
9	ルータアドレス要求
10	ルータアドレス広告
11	TTL超過
12	IPヘッダのパラメータ不備

チェックサムはICMPタイプからデータグラムの終わりまでのチェックサムである。これに引き続き，関連情報が格納される。例えば，ICMPタイプ3に対しては関連情報として元のIPヘッダとデータ部の先頭8バイトが提供される。関連情報はエラーを解析するときに役立つ。

5.3.2 ICMPの動作

ICMPの動作例としてpingコマンドを取り上げる。pingコマンドは終点ホストがIPデータグラムに対して応答するかどうか調べるコマンドである。言い換えると，終点ホストのネットワーク層が応答するかどうか調べるコマンドである。

pingコマンドを発行するホストはICMPパケットを組み立て，エコー要求

(表5.2, タイプ8) を指定する. このICMPパケットを受け取った終点ホストはICMPエコー応答 (表5.2, タイプ0) を返す. エコー応答が返ってこないこともあるので, 上位層はタイムアウト検出をしなければならない.

pingコマンドのエコー要求, エコー応答のパケットトレースを図5.8に示す. パケット1はIPアドレス133.86.xx.xxからIPアドレスgg.hh.ii.jjへのエコー要求であり, パケット2はこれに対するエコー応答である.

```
Packet 1:  00-80-C8-2F-2E-2E -> 00-00-0E-35-0A-A2, [0800] IP
IP,    133.86.xx.xx -> gg.hh.ii.jj
    Version: 04,     IP header length: 05 (32 bit words)
    Service type:  0:  Precedence: 0, Delay: Norm, Throug: Norm, Reliab: Norm
    Total IP length: 46, ID: 6E02h, Fragments: No, Time to live: 32
    PROTOCOL: [1] ICMP, Header checksum: 898E (GOOD)
ICMP:    Type [8] ECHO REQUEST, Code: [0]
    Checksum: 3E42h,    Identifier: 0100h, Sequence number: 0400h

0000  00 00 0E 35 0A A2 00 80  C8 2F 2E 2E 08 00 45 00   ...5.[.□ネ/....E.
0010  00 2E 6E 02 00 00 20 01  89 8E 85 56 XX XX GG HH   ..n... 猿・...
0020  II JJ 08 00 3E 42 01 00  04 00 61 62 63 64 65 66   ....>B....abcdef
0030  67 68 69 6A 6B 6C 6D 6E  6F 70 71 72               ghijklmnopqr

Packet 2:  00-00-0E-35-0A-A2 -> 00-80-C8-2F-2E-2E, [0800] IP
IP,    gg.hh.ii.jj -> 133.86.xx.xx
    Version: 04,     IP header length: 05 (32 bit words)
    Service type:  0:  Precedence: 0, Delay: Norm, Throug: Norm, Reliab: Norm
    Total IP length: 46, ID: 3170h, Fragments: No, Time to live: 241
    PROTOCOL: [1] ICMP, Header checksum: F51F (GOOD)
ICMP:    Type [0] ECHO REPLY, Code: [0]
    Checksum: 4642h,    Identifier: 0100h, Sequence number: 0400h

0000  00 80 C8 2F 2E 2E 00 00  0E 35 0A A2 08 00 45 00   .□ネ/.....5.[...E.
0010  00 2E 31 70 00 00 F1 01  F5 1F GG HH II JJ 85 56   ..1p..*.*.....・
0020  XX XX 00 00 46 42 01 00  04 00 61 62 63 64 65 66   ....FB....abcdef
0030  67 68 69 6A 6B 6C 6D 6E  6F 70 71 72               ghijklmnopqr
```

図5.8 pingコマンドに対するパケットトレースの例

パケット1では, イーサネットタイプとしてIP (#0800) が指定され, IPは第4版, ヘッダ長は20バイト, サービスタイプは#00, IPデータグラム長は#2E, フラグメント識別子は#6E02, 後続フラグメントなし, TTLは#20, プロトコルはICMP (#01), ヘッダチェックサムは#898Eが指定されている. 続いて, 始点IPアドレス, 終点IPアドレスが指定され, ICMPタイプとしてエコー要求 (8) が指定される. identifier (#0100) はパケットを識別する

ために用いられる。sequence number（#0400）は ping 応答を 2 回以上求めるとき用いられる。ping コマンドのオプションとして"-l 18"を指定すると 18 バイトのデータ（ASCII コード#61～#72）が追加される。オプション"-n 1"はエコー要求/応答の試行回数が 1 回であることを指定している。

パケット 2 ではパケット 1 と同様の指定がされている。ただし，ICMP タイプはエコー応答（0），TTL は#F1 である。

5.4 ネットワーク層の機器

5.4.1 ル　ー　タ

ルータは IP データグラムを中継する一種のコンピュータである。IP ヘッダ中の IP アドレスを基に，経路を選択しつぎのルータに IP データグラムを転送する。ルータの典型的な内部構成を図 5.9 に示す。物理インターフェイスからパケットを受け取ると，IP データグラムをいったんデータメモリに格納し IP アドレスを解析する。IP アドレスを基に経路制御メモリを検索し送るべき経路を選択する。そして対応する物理アドレスを付加したパケットを組み立て，所定の物理インターフェイスからパケットを送出する。経路制御については 8 章でもう少し詳しく説明する。

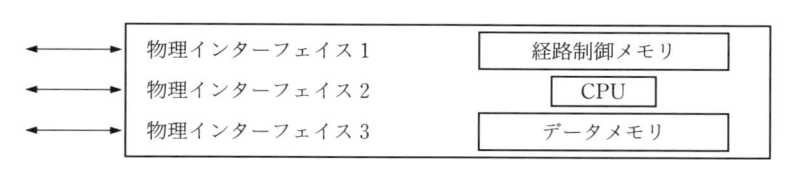

図 5.9　ルータの典型的な内部構成

ルータのデータメモリが満杯になる，あるいは CPU の処理能力以上のパケットが到着すると，ルータはパケットを処理しきれずそのまま廃棄してしまう。ルータの設置に当たってはメモリ容量と CPU 性能を十分に見積もることが重要である。

ルータのオペレーティングシステムとして専用のソフトウェアが用いられる

ことが多い．また，通常のワークステーションにルーティングを実行するソフトウェアを実装して，ルータとして用いることもできる．

スイッチングハブは物理アドレスを基にパケットの転送制御を行うが，ルータはIPアドレスを基に転送制御を行う．スイッチングハブは物理アドレスを変えないが，ルータは物理アドレスの付替えを行う．また，スイッチングハブはARP放送パケットを中継するがルータは中継しない．

5.4.2　3層スイッチ

ルータのおもな仕事はIPアドレスを基に適切な中継経路を選択し，物理アドレスを付け替えて転送することである．半導体技術の進歩により，このような仕事をハードウェアで実現することも可能となってきた．専用のハードウェアでルータ機能を実現した機器は3層スイッチと呼ばれる．図5.9で示された機能をハードウェアで実現している．

トランスポート層の情報を利用してパケットの転送制御をする機器は4層スイッチと呼ばれることもある．

5.4.3　ネットワークプリンタ

ネットワークに接続され，複数のホストから出力できるプリンタはネットワークプリンタと呼ばれる．ネットワークプリンタにはIPアドレスが割り当てられる．ネットワークプリンタはネットワーク接続基板（物理アドレス）を有する．TCP/IP（あるいはNetware, Appletalk）を処理できなければならない．

――――――――　演　習　問　題　――――――――

〔1〕イーサネット上のIPデータグラムに対し，IPデータグラムのデータ部の長さの最小値および最大値を求めよ．IPヘッダのオプションは指定されないものとする．

〔2〕 以下の条件におけるIPヘッダを16進数で示せ。ヘッダチェックサムの計算は除く。版：4，IPヘッダ長：20バイト，サービスタイプ：指定なし，IPデータグラム長：40バイト，フラグメント識別子：100，フラグメント：禁止，寿命：64，プロトコル：TCP，始点IPアドレス：123.20.30.40，終点IPアドレス：40.30.20.10，オプション：なし

〔3〕 IPヘッダのフラグメント識別子は16ビットである。1秒間に100個のパケットを送るとする。フラグメント識別子が1ずつ増加するとき，フラグメント識別子が一回りする時間を求めよ。

〔4〕 以下の条件におけるARPパケットを16進数で示せ。ハードウェア：イーサネット，プロトコル：IP，物理アドレス長：6バイト，IPアドレス長：4バイト，操作コード：応答，始点物理アドレス：♯00-00-F4-00-00-01，始点IPアドレス：123.20.30.40，終点物理アドレス：♯08-00-20-00-00-01，終点IPアドレス：40.30.20.10

〔5〕 同じネットワーク内の2台のホストに対し，同一のIPアドレスを割り当ててしまった。ほかのホストからのARP要求に対する動作を説明せよ。

〔6〕 arpコマンド（Windowsではarp -a）を用いてarpキャッシュのエントリを調べよ。

〔7〕 pingコマンドのオプションを調べよ。異なるオプション指定によって実行がどのように変わるかを調べよ。

〔8〕 ルータとスイッチングハブの相違を説明せよ。

〔9〕 市販ルータの仕様，価格を調査せよ。

〔10〕 IPデータグラムを送っても応答がないことがありうる。その原因を例示せよ。

6 トランスポート層

　トランスポート層はネットワーク層の機能を用いてアプリケーションに適した通信を提供する。ネットワーク層を用いると，始点 IP アドレスから終点 IP アドレスに IP データグラムを転送することができる。しかしながら，パケットが途中で破棄されたり，順序が逆転して届くことがある。このままではアプリケーション間の通信として使いにくい。

　トランスポート層では，TCP (transmission control protocol) ならびに UDP (user datagram protocol) と呼ばれるプロトコルが用いられる。

　TCP は IP データグラムの再送制御や順序の入替えなどを実行し，上位層（アプリケーション層）に対して信頼性のある通信を提供する。すなわち，ネットワーク層の状態を気にすることなく，一連のデータをアプリケーション層に伝える。

　一方，アプリケーションによっては，信頼性よりも応答が迅速であることを要求することもある。そのような応用に対しては UDP が用いられる。UDP を用いた通信ではパケットの消失や到着順序の逆転などが生じることがある。

　トランスポート層の実装に当たっては，多くの試行錯誤がなされてきた。現在使用されているソフトウェアはその成果である。

6.1　コネクション指向通信とコネクションレス通信

　ある端点と別の端点との間で通信を行うとき，通信の実行を前もって了解する方式と，事前の了解を求めない方式とがある。前者の方式はコネクション指

向通信と呼ばれ，後者の方式はコネクションレス通信と呼ばれる。

コネクション指向通信では，相手が通信できる状態にあることを確認した後に通信を行う。コネクション指向通信は信頼性のある通信と呼ばれる。TCPはコネクション指向通信である。

一方，コネクションレス通信では送信データが相手に確実に届く保証はない。受信者は長期に不在であるかもしれないし，なんらかの障害によって途中で送信データが失われるかもしれない。UDPはコネクションレス通信である。

6.2 TCPによる通信

6.2.1 TCPヘッダの形式

TCPのパケットはTCPセグメントと呼ばれる。TCPセグメントはTCPヘッダとデータ部に分けられる。TCPヘッダの形式を**図6.1**に示す。オプションがないときTCPヘッダの長さは20バイトである。オプションがあるときTCPヘッダは4バイト単位で長くなる。

始点ポート (16 b)			終点ポート (16 b)
通し番号 (32 b)			
受信確認番号 (32 b)			
データオフセット (4 b)	予約 (6 b)	URG (1 b) ACK (1 b) PSH (1 b) RST (1 b) SYN (1 b) FIN (1 b)	ウィンドウ (16 b)
チェックサム (16 b)			緊急ポインタ (16 b)
オプション (可変長，32 bの倍数)			

図6.1 TCPヘッダの形式

以下に，TCPヘッダの各部分について説明する。

- **始点ポート** （16 ビット） 始点ホストのポート番号を示す。用いるアプリケーションごとにサーバのポート番号が対応する。ポート番号の割当ての一

部を**表 6.1**に示す。例えば、ポート番号 7 は TCP, UDP ともにエコーサービスである。1 023 番までの若い番号はシステムに割り当てられている。広く共通に利用されるポートはウエルノウンポートと呼ばれる。クライアントが使用するポート番号は通常 1 024 以上である。IP アドレスとポート番号の組によって一つのプロセス（ソケット）が決まる。

表 6.1 ポート番号の割当て（一部）

番号 TCP/UDP	サービス名	サービスの概要
7(#7) TCP/UDP	echo	同じデータの返送
9(#9) TCP/UDP	discard	サーバはパケットを廃棄
13(#D) TCP/UDP	daytime	日時の転送
19(#13) TCP/UDP	chargen	ASCII 文字の転送
20(#14) TCP	ftp-data	ファイル転送―データ
21(#15) TCP	ftp	ファイル転送―コマンド
23(#17) TCP	telnet	遠隔ログイン
25(#19) TCP	smtp	電子メールの転送
53(#35) TCP/UDP	domain	DNS 問合せ/回答
67(#43) TCP/UDP	bootps	ブートサーバ
68(#44) TCP/UDP	bootpc	ブートクライアント
80(#50) TCP	www-http	ハイパーテキストの転送
110(#6E) TCP	pop3	電子メールの読出し
119(#77) TCP	nntp	ニュースの転送
2 049(#801) UDP	nfs	ネットワークファイルシステム
256-1023		システムが使用
1024-		クライアントが利用可能

- **終点ポート**（16 ビット）　　終点ホストのポート番号を表す。

- **通し番号 seq**（32 ビット）　　その TCP セグメントが転送するデータの先頭位置を表す。通し番号 seq と受信確認番号 ack を用いて転送の確認制御を行う。

- **受信確認番号 ack**（32 ビット）　　データ位置（ack－1）までのデータを受信したことを示す。すなわち、ack はつぎに受け取るべきデータの通し番号と一致する。ただし、SYN フラグまたは FIN フラグがオンのとき、対応する受信確認番号 ack＝seq＋1 とする。TCP 接続が確立しているときはつねに意味を持つ。

- **データオフセット**（4 ビット）　　TCP セグメント中のデータ開始位置、

すなわち TCP ヘッダの長さを示す。4 バイトを単位とする。オプションが指定されないとき 5 となる。

- **予約**（6 ビット）　将来の拡張のため確保されており現在は使用されていない。
- **制御部**（6 ビット）　つぎの 6 ビットから構成される。

URG（urgent）フラグ：緊急ポインタが有効であることを示す。利用者がアプリケーションの途中でコントロールキーを押したときなどに使用される。

ACK（acknowledge）フラグ：受信確認番号が有効であることを示す。

PSH（push）フラグ：この TCP セグメントを受け取ったホストはデータをすぐに上位層に渡さなければならない。データ長が短いときに用いられる。

RST（reset）フラグ：TCP 接続を切断することを知らせる。

SYN（synchronize）フラグ：TCP 接続の確立を要求する。

FIN（finish）フラグ：TCP 接続の終了を示す。

- **ウィンドウ**（16 ビット）　受信ホストが受信できるデータの容量をバイト数で示す。指定されたバイト数だけまとめてデータを転送することができる。
- **チェックサム**（16 ビット）　TCP セグメント中に生じた誤りを検出する。計算アルゴリズムは IP ヘッダチェックサムと同じである。TCP セグメント全体のチェックサムに加え，図 6.2 に示す 96 ビットの疑似ヘッダが加えられる。プロトコル部は TCP（# 06）である。TCP セグメント長は TCP ヘッダとデータ部の合計の長さである。

始点 IP アドレス（32 b）		
終点 IP アドレス（32 b）		
オール 0（8 b）	プロトコル（8 b）	TCP セグメント長（16 b）

図 6.2　TCP チェックサムに加えられる疑似ヘッダ

- **緊急ポインタ**（16 ビット）　URG フラグが 1 のとき，緊急に処理すべきデータの末尾を示す。

- **オプション**（0 または 32 ビットの倍数）　　受信できる TCP セグメントの最大データ長を設定する。#0204 に引き続き TCP セグメントの最大データ長（16 ビット）を指定する。このオプションは，通常，TCP 接続を確立するときにだけ用いられる。

6.2.2　TCP 接続の確立

TCP では 3 個のパケット転送（一往復半）によって TCP 接続を確立する。**図 6.3** に，クライアントからサーバに対して TCP 接続を要求し，TCP 接続を確立する手順を示す。

```
クライアント                                            サーバ
     │ ─────SYN, seq = n_1, ack = 0──────────────→ │
     │                                              │
     │ ←────SYN, ACK, seq = n_2, ack = n_1 + 1──── │
     │                                              │
     │ ─────ACK, seq = n_1 + 1, ack = n_2 + 1────→ │
     ↓                                              ↓
```

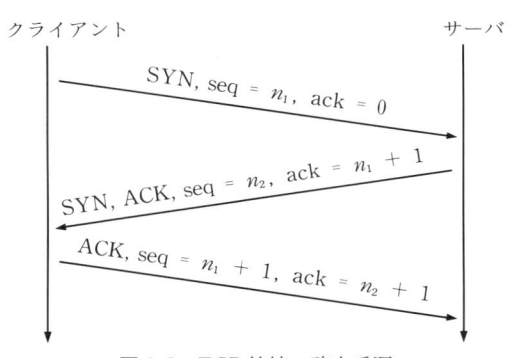

図 6.3　TCP 接続の確立手順

まず，クライアントからサーバに対し，TCP 接続を要求するパケット（SYN フラグをオン，seq=n_1, ack=0）を送る。つぎに，サーバからクライアントに TCP 接続の要求を確認するパケット（SYN，ACK フラグをオン，seq=n_2，ack=n_1+1）を送る。さらに，クライアントはこれに対する応答（ACK フラグをオン，seq=n_1+1, ack=n_2+1）を送信する。この時点でたがいに TCP 接続が確立したことを知る。

TCP 接続確立のプロトコルトレース例を**図 6.4** に示す。サーバのポート番号が 110（#6E）なので POP3 の接続要求である。クライアントのポート番号は 1069（#042D）でありクライアントが割り当てた値である。

パケット 1 はクライアントからの TCP 接続要求である。SYN フラグがオ

```
Packet 1: TCP  SYN,    [1069] -> [110]
    Sequence number: 10941711,   Acknowledgement:     0
    TCP header length: 06 (32 bit words),    Window: 8192
    TCP data length: 0,   Checksum: 22F0h (GOOD)
    TCP options: Maximum segment size= 1460.
    Sequence number + TCP data length: 10941711

0000  00 00 0E 35 0A A2 00 80 C8 2F 2E 2E 08 00 45 00    ...5.「.ロネ/....E.
0010  00 2C A7 03 40 00 20 06 58 E3 85 56 XX XX 85 56    .,ァ.@. .X繧V..・
0020  YY YY 04 2D 00 6E 00 A6 F5 0F 00 00 00 00 60 02    ...-.n.ヲ*.....`.
0030  20 00 22 F0 00 00 02 04 05 B4                       ."*.....I   .'.

Packet 2: TCP  SYN ACK,   [110] -> [1069]
    Sequence number: 2185154985,   Acknowledgement: 10941712
    TCP header length: 06 (32 bit words),    Window: 8760
    TCP data length: 0,   Checksum: CCBEh (GOOD)
    TCP options: Maximum segment size= 1460.
    Sequence number + TCP data length: 2185154985

0000  00 80 C8 2F 2E 2E 00 00 0E 35 0A A2 08 00 45 00    .ロネ/.....5.「..E.
0010  00 2C 97 CF 40 00 FE 06 8A 16 85 56 YY YY 85 56    ., 倫@.♭.*.・..
0020  XX XX 00 6E 04 2D 82 3E D1 A9 00 A6 F5 10 60 12    ...n.-*>ムウ.ヲ*.`.
0030  22 38 CC BE 00 00 02 04 05 B4 30 20                 "8 7セ.....I O *.'.

Packet 3: TCP  ACK,    [1069] -> [110]
    Sequence number: 10941712,   Acknowledgement: 2185154986
    TCP header length: 05 (32 bit words),    Window: 8760
    TCP data length: 0,   Checksum: E47Bh (GOOD)
    Sequence number + TCP data length: 10941712

0000  00 00 0E 35 0A A2 00 80 C8 2F 2E 2E 08 00 45 00    ...5.「.ロネ/....E.
0010  00 28 A8 03 40 00 20 06 57 E7 85 56 XX XX 85 56    .(ィ.@. .W辣V..・
0020  YY YY 04 2D 00 6E 00 A6 F5 10 82 3E D1 AA 50 10    ....-.n.ヲ*.>ムェP.
0030  22 38 E4 7B 00 00                                  "8 艢..    ムェP.
```

図 6.4 　TCP 接続確立のパケットトレース

ンである．通し番号 seq=10941711 はクライアントが割り当てた値である．受信確認番号 ack=0 である．データオフセットは 6 なのでオプションが指定されている．ウィンドウの大きさは 8 192 バイトである．緊急ポインタは指定されていない．オプションとして #0204 に続いて 1460（#05B4）が指定されているので，セグメントデータの最大長は 1 460 バイトである．

　パケット 2 では SYN，ACK フラグがオンである．受信確認番号 ack=10941712 であり，パケット 1 の通し番号 seq に 1 を加えたものとなっている．これによってパケット 1 を受け取ったことがわかる．パケット 2 の通し番号

seq＝2185154985 はサーバが割り当てた値である。

パケット 3 では通し番号 seq＝10941712 である。パケット 3 の受信確認番号 ack＝2185154986 であり，パケット 2 の通し番号 seq に 1 を加えた値である。クライアントがパケット 2 を受け取ったことがわかる。

図 6.3 および図 6.4 は TCP 接続を確立する典型的な例である。いずれかのパケットが届かなかった場合，あるいはほぼ同時に双方から TCP 接続要求が出された場合など多くの変化がありうる。

ネットワークの混雑などによって相手からの応答がない場合がありうる。このような場合，タイムアウト手法を用いることによって再送を試みることになる。**図 6.5** にタイムアウトによるパケットの再送手順の例を示す。クライアントは TCP 接続要求を行う。しかし，一定時間内に応答がないので再度 TCP 接続要求を行っている。2 度目の TCP 接続要求が成功している。

クライアント　　　　　　　　　　サーバ

タイムアウト
　SYN, seq ＝ n_1, ack ＝ 0　×
　SYN, seq ＝ n_1, ack ＝ 0
　SYN, ACK, seq ＝ n_2, ack ＝ $n_1 + 1$
　ACK, seq ＝ $n_1 + 1$, ack ＝ $n_2 + 1$

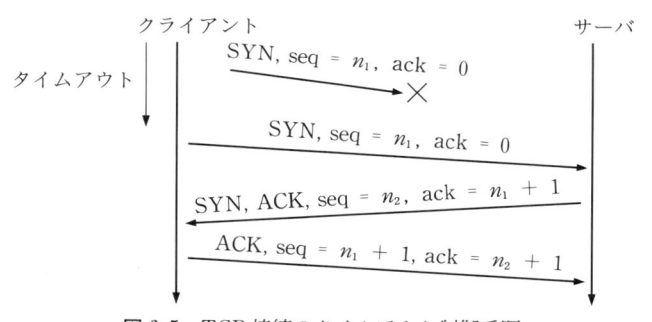

図 6.5　TCP 接続のタイムアウト制御手順

再送までの時間が短すぎると，タイムアウト後に相手からのパケットが到着することになる。逆に再送までの時間が長すぎると効率の良い通信が実現できない。再送時間を決めることは TCP の性能を決めるデリケートな問題の一つである。再送時間を求めるアルゴリズムとしてさまざまなアルゴリズムが工夫されてきた。カーンのアルゴリズムと呼ばれる方法が広く用いられている。

6.2.3　TCP によるデータ転送

TCP 接続が確立するとデータの送受信が行われる。図 6.6 に示されるよう

6.2 TCPによる通信

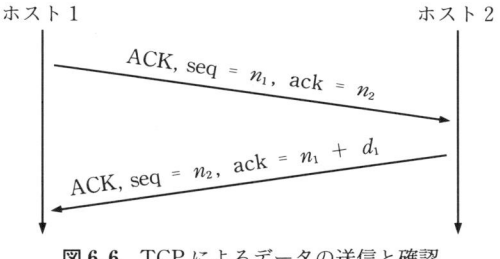

```
ホスト1                              ホスト2
  |  ACK, seq = n₁, ack = n₂           |
  |----------------------------------->|
  |                                    |
  |  ACK, seq = n₂, ack = n₁ + d₁      |
  |<-----------------------------------|
  ↓                                    ↓
```

図 6.6 TCP によるデータの送信と確認

に，ホスト 1 から受信ホスト 2 に対して TCP セグメント（データ長 d_1 バイト，ACK フラグをオン）を送る。このとき，通し番号 seq＝n_1 はその TCP セグメントのデータの通し番号を表す。ack＝n_2 はホスト 1 がデータ（n_2-1）までを受け取り，ホスト 2 がつぎに送信すべき TCP セグメントのデータが seq＝n_2 であることを示す。

ホスト 2 はデータを受け取ると受信確認のパケットを送信する。ACK フラグをオンとする。受信確認だけを行いデータを転送しないので，通し番号 seq＝n_2 のままである。受信確認番号 ack は d_1 バイトのデータを受け取ったことを示すために，（n_1+d_1）となる。1 往復のやり取りによってデータの送信とその確認が行われる。

TCP を用いたデータ転送のパケットトレースの例を図 **6.7** に示す。すでに TCP 接続は確立している。この例は POP3（電子メールの読出し）における STAT コマンド（パケット 10）とその応答（パケット 11）の例である。STAT コマンドおよびその応答は，電子メールサーバによってただちに処理されなければならないので PSH フラグがオンとなっている。

多くのパケットが連続して送られてきたとき，それぞれについて受信確認を送るのではなく一括して受信確認を送ることもできる。図 **6.8** に例を示す。ホスト 1 は通し番号 seq＝n_1，seq＝n_1+d_1，seq＝$n_1+d_1+d_2$ のパケットを連続して送信している。これに対して，ホスト 2 は受信確認番号 ack＝$n_1+d_1+d_2+d_3$ を返している。受信確認を 1 回返すことにより，3 個のパケットに対する受信確認を返したことになる。ホスト 2 が 2 番目のパケット（seq＝n_1+d_1）

```
Packet 10: TCP  PSH ACK,   [1069] -> [110]
    Sequence number: 10941741,    Acknowledgement: 2185155147
    TCP header length: 05 (32 bit words),    Window: 8599
    TCP data length: 6,   Checksum: 429Eh (GOOD)
    Sequence number + TCP data length: 10941747
Data  STAT..
0000  00 00 0E 35 0A A2 00 80 C8 2F 2E 2E 08 00 45 00   ...5.「.□ネ/....E.
0010  00 2E AB 03 40 00 20 06 54 E1 85 56 XX XX 85 56   ..ォ.@. .T麻V..
0020  YY YY 04 2D 00 6E 00 A6 F5 2D 82 3E D2 4B 50 18   ...-.n.ヲ*-*>メ KP.
0030  21 97 42 9E 00 00 53 54 41 54 0D 0A               !唯*..STAT..

Packet 11: TCP  PSH ACK,   [110] -> [1069]
    Sequence number: 2185155147,    Acknowledgement: 10941747
    TCP header length: 05 (32 bit words),    Window: 8760
    TCP data length: 11,   Checksum: C5D3h (GOOD)
    Sequence number + TCP data length: 2185155158
Data  +OK 1 646..
0000  00 80 C8 2F 2E 2E 00 00 0E 35 0A A2 08 00 45 00   .□ネ/.....5.「..E.
0010  00 33 97 74 40 00 FE 06 8A 0A 85 56 YY YY 85 56   .3琳@.þ.*.・..
0020  XX XX 00 6E 04 2D 82 3E D2 4B 00 A6 F5 33 50 18   ...n.-*>メ K.ヲ*3P.
0030  22 38 C5 D3 00 00 2B 4F 4B 20 31 20 36 34 36 0D   "8ナモ..+OK 1 646.
0040  0A
```

図 6.7　TCP を用いたデータ送受信の例

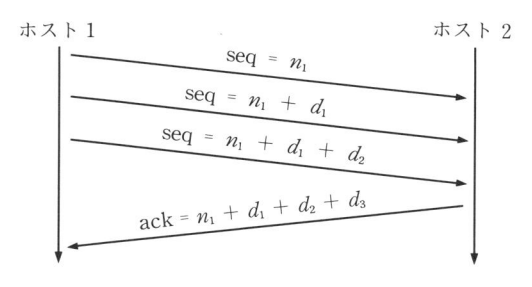

図 6.8　TCP データ転送における一括確認応答

の消失を検出した場合でも，ホスト 2 はホスト 1 のタイムアウト検出を待つ．

　ウィンドウ部は受信者が一括して受け取ることのできるデータサイズを示す．ウィンドウサイズの値を決めることは TCP の性能を決める重要な問題の一つである．トラフィックの流量を決めることはフロー制御と呼ばれ，さまざまな試行錯誤が繰り返されてきた．

6.2.4 TCP 接続の終了

TCP 接続の終了も，コネクションの確立と同様，1 往復半（計 4 パケット）の送受信が行われる。多くの場合，クライアントからサービス終了コマンド（例えば QUIT）が発行され，サーバが TCP 接続の終了を起動する。

図 6.9 に TCP 接続終了の手順を示す。まず，TCP 接続終了を起動するサーバが FIN フラグをオンにしたパケットを送信する。クライアントは，まずパケットを受信したことを示すパケット（ACK フラグのみオン）を返す。続いて TCP 接続終了に合意するパケット（FIN，ACK フラグがオン）を送る。さらに，サーバは TCP 接続終了を確認するパケットを送信して TCP 接続が終了する。アプリケーションによっては一部が省略されることもある。

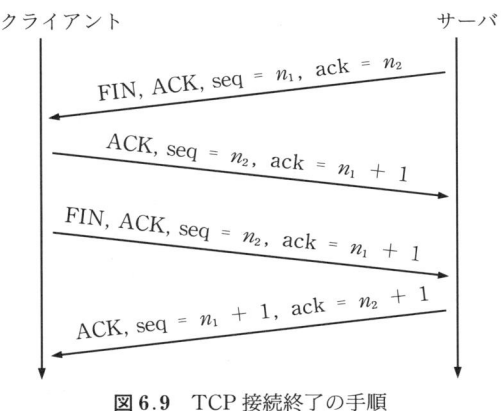

```
クライアント                                    サーバ
     │         FIN, ACK, seq = n_1, ack = n_2      │
     │ ←──────────────────────────────────────── │
     │         ACK, seq = n_2, ack = n_1 + 1       │
     │ ────────────────────────────────────────→ │
     │         FIN, ACK, seq = n_2, ack = n_1 + 1  │
     │ ────────────────────────────────────────→ │
     │         ACK, seq = n_1 + 1, ack = n_2 + 1   │
     │ ←──────────────────────────────────────── │
     ▼                                              ▼
```

図 6.9　TCP 接続終了の手順

TCP 接続を終了するプロトコルトレースの例を図 6.10 に示す。図 6.9 で説明した手順によって TCP 接続が終了している。

パケット 20 では FIN フラグがオンとなっており，サーバがクライアントに対して TCP 接続の終了を知らせている。パケット 21，22 はクライアントからサーバに対するパケットであり，パケット受信および TCP 接続終了の確認を行っている。パケット 23 ではサーバが TCP 接続終了を確認している。

66   6. トランスポート層

```
Packet 20: TCP  FIN ACK,    [110] -> [1069]
    Sequence number: 2185155836,    Acknowledgement: 10941769
    TCP header length: 05 (32 bit words),    Window: 8760
    TCP data length: 0,    Checksum: E0EFh (GOOD)
    Sequence number + TCP data length: 2185155836

0000  00 80 C8 2F 2E 2E 00 00  0E 35 0A A2 08 00 45 00   .□ネ/.....5.「..E.
0010  00 28 97 D9 40 00 FE 06  8A 10 85 56 YY YY 85 56   .(麟@.þ.*.・..・
0020  XX XX 00 6E 04 2D 82 3E  D4 FC 00 A6 F5 49 50 11   ...n.-*>ヤ*.ヲ・P.
0030  22 38 E0 EF 00 00 02 04  05 B4 30 20              "8瑜.....

Packet 21: TCP  ACK,    [1069] -> [110]
    Sequence number: 10941769,    Acknowledgement: 2185155837
    TCP header length: 05 (32 bit words),    Window: 7910
    TCP data length: 0,    Checksum: E441h (GOOD)
    Sequence number + TCP data length: 10941769

0000  00 00 0E 35 0A A2 00 80  C8 2F 2E 2E 08 00 45 00   ...5.「.□ネ/....E.
0010  00 28 B0 03 40 00 20 06  4F E7 85 56 XX XX 85 56   .(-.@. .O辣V..・
0020  YY YY 04 2D 00 6E 00 A6  F5 49 82 3E D4 FD 50 10   ...-.n.ヲ・*>ヤýP.
0030  1E E6 E4 41 00 00                                  .趾A..

Packet 22: TCP  FIN ACK,    [1069] -> [110]
    Sequence number: 10941769,    Acknowledgement: 2185155837
    TCP header length: 05 (32 bit words),    Window: 7910
    TCP data length: 0,    Checksum: E440h (GOOD)
    Sequence number + TCP data length: 10941769

0000  00 00 0E 35 0A A2 00 80  C8 2F 2E 2E 08 00 45 00   ...5.「.□ネ/....E.
0010  00 28 B1 03 40 00 20 06  4E E7 85 56 XX XX 85 56   .(ア.@. .N辣V..・
0020  YY YY 04 2D 00 6E 00 A6  F5 49 82 3E D4 FD 50 11   ...-.n.ヲ・*>ヤýP.
0030  1E E6 E4 40 00 00                                  .趾@..

Packet 23: TCP  ACK,    [110] -> [1069]
    Sequence number: 2185155837,    Acknowledgement: 10941770
    TCP header length: 05 (32 bit words),    Window: 8760
    TCP data length: 0,    Checksum: E0EEh (GOOD)
    Sequence number + TCP data length: 2185155837

0000  00 80 C8 2F 2E 2E 00 00  0E 35 0A A2 08 00 45 00   .□ネ/.....5.「..E.
0010  00 28 97 DA 40 00 FE 06  8A 0F 85 56 YY YY 85 56   .(瑠@.þ.*.・..・
0020  XX XX 00 6E 04 2D 82 3E  D4 FD 00 A6 F5 4A 50 10   ...n.-*>ヤý.ヲ・P.
0030  22 38 E0 EE 00 00 02 04  05 B4 30 20              "8瑁.....
```

図 6.10 TCP 接続を終了するパケットトレース

6.3 UDPによる通信

6.3.1 UDPヘッダの形式

UDPパケットはUDPヘッダとデータ部から成る。UDPヘッダの形式を図6.11に示す。始点ポートおよび終点ポートはTCPヘッダと同じである。ユーザデータグラム長はUDPヘッダも含む。チェックサムの計算もTCPのチェックサムと同様，図6.2で示される疑似ヘッダを含んで計算される。チェックサムの計算が省略されたときチェックサム部はオール0である。

始点ポート（16 b）	終点ポート（16 b）
ユーザデータグラム長（16 b）	チェックサム（16 b）

図6.11 UDPヘッダの形式

UDPはコネクションレス通信であるためUDPデータグラムが終点ホストに到着する保証がない。しかし，コネクション確立のためのオーバヘッドがないという利点がある。そのため，つぎのような応用で用いられている。

例えば，物理的に近接しているコンピュータ間のファイル転送を実行するために使用される。ネットワークファイルシステム（NFS：network file system）が典型的な例である。また，ネットワーク管理プロトコルであるSNMP（simple network management protocol）では，管理用のトラフィックがデータ転送を圧迫しないようにUDPが用いられる。さらに，画像や音声を実時間で送るとき，再送制御によって時間遅れが生じるよりもパケット損失を許容してデータを受け取るほうが望ましい。このときUDPが用いられる。また，ネットワークゲームでもUDPが用いられることがある。

経路制御情報を交換するプロトコル（RIP：routing information protocol, 8.2節）でもUDPが用いられている。また，動的にIPアドレスなどを割り付けるDHCP（dynamic host configuration protocol, 9.2節）においてもUDPが用いられている。

6.3.2 UDPによるデータ転送

UDPでは送信ホストが受信ホストに対してUDPパケットを送信する。返答が必要なとき，受信ホストはUDPパケットを用いてデータを送る。UDPを用いたデータ転送の例を図6.12に示す。

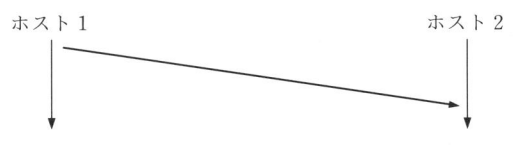

図6.12 UDPによるデータの送信

UDPによるデータ転送のプロトコルトレースの例を図6.13に示す。パケット3，4において，プロトコルとしてUDP（#11）が指定されている。パケット3では，クライアントがサーバのポート番号19（#13）を指定して，ASCII文字の転送（表6.1）を要求している。これに対し，パケット4では#21から#66までの文字とCR（#0D），LF（#0A），#EF，#FFを返している。

```
Packet 3: UDP,   [1044] -> [19]
    UDP length: 09,   Checksum: A0CAh (GOOD).

0000   00 00 0E 35 0A A2 00 80  C8 2F 2E 2E 08 00 45 00    ...5.「.□ネ/....E.
0010   00 1D B9 00 00 00 20 11  86 E5 85 56 XX XX 85 56    ..ケ... . ・..・
0020   YY YY 04 14 00 13 00 09  A0 CA 00                   ........ ハ. *.・

Packet 4: UDP,   [19] -> [1044]
    UDP length: 82,   Checksum: 70D9h (GOOD)

0000   00 80 C8 2F 2E 2E 00 00  0E 35 0A A2 08 00 45 00    .□ネ/.....5.「..E.
0010   00 66 05 FD 40 00 FE 11  1B 9F 85 56 YY YY 85 56    .f.y@.t..氣V..・
0020   XX XX 00 13 04 14 00 52  70 D9 21 22 23 24 25 26    ........Rpル!"#$%&
0030   27 28 29 2A 2B 2C 2D 2E  2F 30 31 32 33 34 35 36    '()*+,-./0123456
0040   37 38 39 3A 3B 3C 3D 3E  3F 40 41 42 43 44 45 46    789:;<=>?@ABCDEF
0050   47 48 49 4A 4B 4C 4D 4E  4F 50 51 52 53 54 55 56    GHIJKLMNOPQRSTUV
0060   57 58 59 5A 5B 5C 5D 5E  5F 60 61 62 63 64 65 66    WXYZ[¥]^_`abcdef
0070   0D 0A EF FF                                         ..*y
```

図6.13 UDPによるデータ転送のパケットトレース

演習問題

〔1〕 日常生活においても，コネクション指向通信とコネクションレス通信が用いられている。例をあげて説明せよ。

〔2〕 Windows では services ファイルにポート番号とサービスの対応表がある。これを調査せよ。

〔3〕 TCP オプションにおいて最大受信セグメント長＝1 460 のとき，イーサネットフレーム長の最大値と最小値を求めよ。

〔4〕 つぎの TCP ヘッダを示せ。始点ポート＝1 025，終点ポート＝80，通し番号 seq＝100，受信確認番号 ack＝200，データオフセット＝6，制御フラグのうち SYN のみオン，ウィンドウ＝8 192，チェックサム＝省略，緊急ポインタ＝0，最大受信セグメント長＝1 460。

〔5〕 TCP セグメントのデータ長は，IP ヘッダおよび TCP ヘッダからどのようにして知ることができるか説明せよ。

〔6〕 図 6.6 および図 6.8 において，サーバからのパケットが消失したときの再送制御の手順を示せ。

〔7〕 PSH フラグの利用法を説明せよ。

〔8〕 図 6.4，図 6.7，図 6.10 において，通し番号 seq，受信確認番号 ack の流れを確認せよ。

〔9〕 echo サービス（表 6.1）とエコー要求/応答（表 5.2）の相違について説明せよ。

〔10〕 サービス名が discard である UDP パケットのパターンを示せ。またこのサービスはどのように使用できるか示せ。

7 アプリケーション層

私たちがネットワークを使うときの直接のインターフェイスは電子メールのソフトウェアやWWWブラウザ，すなわちクライアントのソフトウェアである。アプリケーション層はサーバプログラムとクライアントプログラムのインターフェイスを提供する。アプリケーション層ではサーバに対するコマンドとサーバからの応答が決められている。

多くのアプリケーションはTCP接続の上に実装される。プログラムは信頼性のあるコネクションが確立されていることを前提に実行される。クライアントプログラムはポート番号を指定してTCP接続を行う。コマンドと応答を相互に交換しながらアプリケーションが進められる。

インターネットで実現される機能の多彩さに比べ，アプリケーション層のプロトコルは概して単純である。インターネット上の電子メールやWWWの多くの機能は電子メールのソフトウェア，WWWブラウザ，あるいはWWW用記述言語などに負うところが大きい。

ここでは，TCPを用いる代表的なアプリケーションとしてSMTP (simple mail transfer protocol)，POP3 (post office protocol 3)，FTP (file transfer protocol)，Telnet，HTTP (hypertext transfer protocol) のおもなコマンドと応答コードについて説明する。

7.1 SMTP

7.1.1 SMTP のコマンドと応答コード

SMTP（simple mail transfer protocol）は電子メールを送信するためのプロトコルである。図 7.1 に示すように，電子メールを送信したいクライアントはポート番号 25 を指定して電子メールサーバ 1 に TCP 接続を要求する。電子メールサーバ 1 は TCP 接続を通してコマンドをやり取りし，クライアントからの電子メールを受け付ける。その後，電子メールサーバ 1 は送信先の電子

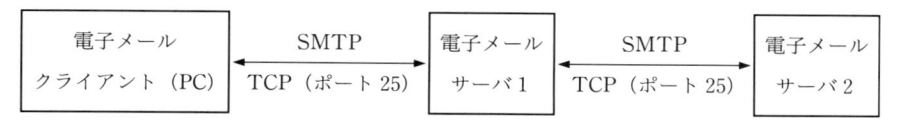

```
┌─────────────┐  SMTP        ┌─────────┐  SMTP        ┌─────────┐
│ 電子メール  │ ──────────  │電子メール│ ──────────  │電子メール│
│クライアント(PC)│ TCP(ポート25)│ サーバ1 │ TCP(ポート25)│ サーバ2 │
└─────────────┘              └─────────┘              └─────────┘
```

図 7.1 クライアント/サーバによる電子メールの転送

表 7.1 SMTP のおもなコマンド

コマンド名	引数	説明
DATA	なし	電子メールデータ
HELLO (HELO)	送信ホスト名	送信ホスト名の転送
MAIL	FROM: 電子メールアドレス	電子メールの発信者を特定する
NOOP	なし	なにもしない．サーバの応答は必要
RECIPIENT (RCPT)	TO: 電子メールアドレス	受信者を指定する
RESET (RSET)	なし	サービスの中断
QUIT	なし	サービスの終了

表 7.2 SMTP のおもな応答コード

コード	説明
220	＜ドメイン＞サービス可能な状態である
221	＜ドメイン＞サービスを終了した
250	要求された動作を実行完了した
354	電子メール転送を開始してよい．＜CRLF＞．＜CRLF＞で終了
550	指定された利用者は存在しない

メールサーバ2との間にTCP接続を確立し，クライアントからの電子メールを送信する。このとき，サーバ1はSMTPサービスのクライアントである。

表7.1にSMTPで用いられるおもなコマンドを示す。**表7.2**にSMTPのおもな応答コードを示す。

7.1.2 SMTPの実行シーケンス

図7.2にSMTPのプロトコルトレース例を示す。まず，クライアントはポート番号25を指定して電子メールサーバとの間にTCP接続を確立する

```
C1:  TCP SYN,      [1061] -> [25]
S2:  TCP SYN ACK,  [25] -> [1061]
C3:  TCP ACK,      [1061] -> [25]

S4:  TCP PSH ACK,  [25] -> [1061]    220 ssss.eei.metro-u.ac.jp ESMTP Sendmail 略
C5:  TCP PSH ACK,  [1061] -> [25]    HELO cccc.eei.metro-u.ac.jp
S6:  TCP PSH ACK,  [25] -> [1061]    250 ssss.eei.metro-u.ac.jp Hello 略

C7:  TCP PSH ACK,  [1061] -> [25]    MAIL FROM:<発信者@eei.metro-u.ac.jp>
S8:  TCP ACK,      [25] -> [1061]
S9:  TCP PSH ACK,  [25] -> [1061]    250 <発信者@eei.metro-u.ac.jp> Sender ok

C10: TCP PSH ACK,  [1061] -> [25]    RCPT TO:<受信者1@eei.metro-u.ac.jp>
S11: TCP PSH ACK,  [25] -> [1061]    250 <受信者1@eei.metro-u.ac.jp> Recipient ok
C12: TCP PSH ACK,  [1061] -> [25]    RCPT TO:<受信者2@ecomp.metro-u.ac.jp>
S13: TCP PSH ACK,  [25] -> [1061]    250 <受信者2@ecomp.metro-u.ac.jp> Recipient ok

C14: TCP PSH ACK,  [1061] -> [25]    DATA
S15: TCP PSH ACK,  [25] -> [1061]    354 Enter mail, end with "." on a line by itself

C16: TCP PSH ACK,  [1061] -> [25]Message-Id: <日時.AA00534@cccc.eei.metro-u.ac.jp>
S17: TCP ACK,      [25] -> [1061]

C18: TCP PSH ACK,  [1061]->[25]      From: 発信者<発信者@eei.metro-u.ac.jp> 略
S19: TCP ACK,      [25] -> [1061]
S20: TCP PSH ACK,  [25] -> [1061]    250 PAA11038 Message accepted for delivery

C21: TCP PSH ACK,  [1061] -> [25]    QUIT
S22: TCP PSH ACK,  [25] -> [1061]    221 ssss.eei.metro-u.ac.jp closing connection

S23: TCP FIN ACK,  [25] -> [1061]
C24: TCP ACK,      [1061] -> [25]
C25: TCP FIN ACK,  [1061] -> [25]
S26: TCP ACK,      [25] -> [1061]
```

図7.2 SMTPのプロトコルトレース例

(C1，S2，C3)。HELLO（HELO）コマンドとその応答によってたがいを確認する（S4，C5，S6）。

MAILコマンドを用いて発信者を知らせ確認をもらう（C7，S8，S9）。RCPTコマンドを用いて受信者を知らせる（C10，S11，C12，S13）。図7.2の例では宛先が2個あるのでRCPTコマンドが2回発行されている。DATAコマンドによって電子メール本体の送信開始を要求し受入れを確認する（C14，S15）。メッセージ識別子（C16，S17）と実際のデータを送信する（C18，S19，S20）。ピリオドだけの行は電子メールデータの終了を示す。

QUITコマンドを用いてクライアントからサービスの終了を要求する（C21，S22）。TCP接続を終了する（S23，C24，C25，S26）。

7.2 POP3

7.2.1 POP3のコマンドと応答コード

SMTPサーバを用いると常時電子メールの送受信が可能である。しかしながら，個人が使用するパーソナルコンピュータをいつも通電状態にしておくことは必ずしも現実的ではない。

そこで，**図7.3**に示されるように，クライアントが必要に応じて電子メールサーバから電子メールを読み出す方法が用いられている。このためのプロトコルがPOP（post office protocol）である。**表7.3**にPOP3（POPの第3版）のおもなコマンドを示す。これらのコマンドを組み合わせて電子メールの読出しを行う。また，**表7.4**にはPOP3のおもな応答コードを示す。コマンドが

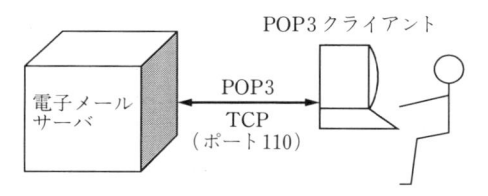

図7.3 電子メールサーバとPOPクライアント

表 7.3　POP3 のおもなコマンド

コマンド名	引　数	説　　明
APOP	nam digest	安全性を高めた認証（10.1.3 項参照）
DELE	msg	サーバ上のメッセージを消去する
LIST	[msg]	［指定された］メッセージのバイト数を返す
NOOP	なし	なにもしない
PASS	string	パスワードの転送
QUIT	なし	サービスの終了
RETR	msg	指定されたメッセージを読み出す
RSET	なし	メッセージ消去（DELE）を取り消す
STAT	なし	メッセージ数とそのサイズを返す
TOP	msg n	メッセージのヘッダおよび最初の n 行を返す
USER	name	利用者名の転送

表 7.4　POP3 のおもな応答コード

コード	内　　容
+OK[mm, nn, message]	コマンドを正常に実行した
−ERR[message]	エラー状態が生じた

正常に実行されたとき，+OK に続いてパラメータとメッセージが返される。コマンドが実行できないあるいは利用者を認証できなかったとき，−ERR に続いてメッセージが返される。

APOP コマンドについてはセキュリティと関係するので，10.1.3 項を参照されたい。

SMTP や POP3 は電子メールの基本的な機能を提供する。多様な機能はクライアントのソフトウェアによって提供されている。

7.2.2　POP3 の実行シーケンス

図 7.4 に POP3 を用いて電子メールサーバから電子メールを読み出すプロトコルトレース例を示す。まず，クライアントはポート番号 110 を指定して電子メールサーバとの間に TCP 接続を確立する（C1, S2, C3）。サーバから接続確認のメッセージを受け取る（S4）。USER コマンドおよび PASS コマンドを組み合わせて利用者の認証を行う（C5, S6, C7, S8, S9）。

STAT コマンドを用いて電子メールが届いているかどうかを問い合わせる

```
C1: TCP  SYN,         [1069] -> [110]
S2: TCP  SYN ACK,     [110] -> [1069]
C3: TCP  ACK,         [1069] -> [110]

S4: TCP  PSH ACK,     [110] -> [1069] +OK QUALCOMM Popserver derived from 略

C5: TCP  PSH ACK,     [1069] -> [110] USER 利用者名
S6: TCP  PSH ACK,     [110] -> [1069] +OK Password required for 利用者名
C7: TCP  PSH ACK,     [1069] -> [110] PASS パスワード
S8: TCP  ACK,         [110] -> [1069]
S9: TCP  PSH ACK,     [110] -> [1069] +OK 利用者名 has 1 message(s) (646 octets)

C10:TCP  PSH ACK,     [1069] -> [110] STAT
S11:TCP  PSH ACK,     [110] -> [1069] +OK 1 646

C12:TCP  PSH ACK,     [1069] -> [110] RETR 1
S13:TCP  PSH ACK,     [110] -> [1069] +OK 646 octets
C14:TCP  ACK,         [1069] -> [110]
S15:TCP  PSH ACK,     [110] -> [1069] Received: from 電子メールヘッダ＋本文　略

C16:TCP  PSH ACK,     [1069] -> [110] DELE 1
S17:TCP  PSH ACK,     [110] -> [1069] +OK Message 1 has been deleted

C18:TCP  PSH ACK,     [1069] -> [110] QUIT
S19:TCP  PSH ACK,     [110] -> [1069] +OK Pop server signing off

S20:TCP  FIN ACK,     [110] -> [1069]
C21:TCP  ACK,         [1069] -> [110]
C22:TCP  FIN ACK,     [1069] -> [110]
S23:TCP  ACK,         [110] -> [1069]
```

図7.4　POP3のプロトコルトレース例

(C10, S11)。RETRコマンドを用いて1番目の電子メールを読み出す (C12, S13, C14, S15)。読み出すと同時にDELEコマンドを用いてサーバから電子メールを消去しておく (C16, S17)。

QUITコマンドを用いてクライアントからサービスの終了を要求する (C18, S19)。電子メールサーバはTCP接続を終了する (S20, C21, C22, S23)。

7.3 FTP

7.3.1 FTPのコマンドと応答コード

図7.5に示されるように，あるコンピュータから別のコンピュータへファイルを転送するプロトコルがFTP（file transfer protocol）である。FTPはポート番号20および21を用いてTCP接続を行う。ポート20はFTPデータの転送に使用され，ポート21はFTPコマンドのやり取りに使用される。セキュリティを向上させるためデータ転送用のポート番号として20番以外の番号が用いられることがある。FTPのおもなコマンドを表7.5に示す。また，FTPサーバからクライアントへのおもな応答コードを表7.6に示す。

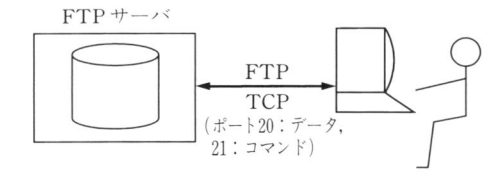

図7.5 遠隔でのファイル操作

表7.5 FTPのおもなコマンド

コマンド名	引　数	説　明
MODE	mode-code	転送モード，S(デフォルト)：Stream
NOOP	なし	何も要求しない．サーバがOKを返す
PASS	password	パスワードの転送
PASV	なし	デフォルトでないポート番号の設定（10.2.3項）
PORT	host-port	IPアドレスとポート番号をサーバに通知する
QUIT	なし	サービスの終了
REST	marker	ファイル転送のリスタート
RETR	pathname	サーバからクライアントへのファイル転送
STOR	pathname	クライアントからサーバへのファイル転送
STRU	structure-code	ファイル構造，F(デフォルト)：File
SYST	なし	OSおよびシステム型の問合せ
TYPE	type-code	データタイプ，A(デフォルト)：ASCII
USER	username	利用者名の転送

7.3 FTP

表 7.6 FTP のおもな応答コード

コード	説明
150	ファイル状態がオープンできる状態にある
200	コマンド OK
215	システム名，タイプ
220	新しい利用者に対し準備ができている
221	ポート 21 をクローズする，Log out を勧める
226	接続を終了する
227	passive モードに移行する
230	利用者ログイン処理中
331	利用者名 OK，パスワードが必要である
350	要求されたファイル操作を保留する
500	シンタックスエラー
550	操作が実行できない，ファイルが使える状態でない

7.3.2 FTP の実行シーケンス

FTP のプロトコルトレース例を図 7.6 に示す．まず，クライアントはポート番号 21 を指定して FTP サーバとの間に TCP 接続を確立する（C1, S2, C3）．FTP サーバからサービス可能状態であることが知らされる（S4）．USER コマンドと PASS コマンドを用いて利用者の認証を行う（C5, S6, C7, S8）．公開されている FTP サーバに対しては匿名利用者名 anonymous を指定する．パスワードとして利用者の電子メールアドレスを指定することが一般的である．

REST コマンドを用いて初期化を行う（C9, S10）．SYST コマンドを用いてサーバのシステム型を問い合わせる（C11, S12）．PASV コマンドを用いてサーバのファイル転送用ポート番号を設定している（C13, S14, C18）．サーバから送られた数値 233, 121（S14）を基に，ポート番号は

$$59769 (= 233 \times 256 + 121)$$

と計算される．PASV コマンドについては 10.2.3 項も参照されたい．ファイル転送用の TCP 接続をクライアントから確立する（C15, S16, C17）．ファイル状態の問合せと応答については省略する（C19 から S24）．RETR コマンドを用いて rfc/rfc894.txt のファイル転送を要求し，それに対する許可が行わ

7. アプリケーション層

```
C1: TCP  SYN,     [1068] -> [21]
S2: TCP  SYN ACK, [21] -> [1068]
C3: TCP  ACK,     [1068] -> [21]

S4: TCP  PSH ACK, [21] -> [1068]   220 mw134 FTP server 略 ready  略

C5: TCP  PSH ACK, [1068] -> [21]   USER anonymous
S6: TCP  PSH ACK, [21] -> [1068]   331 Guest login ok, send your complete e-mail
                                                     address as password
C7: TCP  PSH ACK, [1068] -> [21]   PASS 電子メールアドレス
S8: TCP  PSH ACK, [21] -> [1068]   230 Guest login ok, access restrictions apply

C9: TCP  PSH ACK, [1068] -> [21]   REST 0
S10:TCP  PSH ACK, [21] -> [1068]   350 Restarting at 0. 略

C11:TCP  PSH ACK, [1068] -> [21]   SYST
S12:TCP  PSH ACK, [21] -> [1068]   215 UNIX Type: L8

C13:TCP  PSH ACK, [1068] -> [21]   PASV
S14:TCP  PSH ACK, [21] -> [1068]   227 Entering Passive Mode (SS,SS,SS,SS,233,121)

C15:TCP  SYN,     [1069] -> [59769]
S16:TCP  SYN ACK, [59769] -> [1069]
C17:TCP  ACK,     [1069] -> [59769]

C18:TCP  ACK,     [1068] -> [21]

               ファイル状態の問合せ／回答  略

C25:TCP  PSH ACK, [1068] -> [21]     RETR /rfc/rfc894.txt
S26:TCP  PSH ACK, [21] -> [1068]     150 Opening ASCII mode data connection for
                                                  /rfc/rfc894.txt (5697bytes)
S27:TCP  PSH ACK, [59769] -> [1069]  Network Working Group    Charles 略
C28:TCP  ACK,     [1068] -> [21]
C29:TCP  ACK,     [1069] -> [59769]
S30:TCP  PSH ACK, [21] -> [1068]     226 Transfer complete
S31:TCP  ACK,     [59769] -> [1069]  FTPデータ  略

                    FTPデータの転送  略

S35:TCP  FIN ACK, [59769] -> [1069]  FTPデータ  略
C36:TCP  ACK,     [1069] -> [59769]
C37:TCP  ACK,     [1068] -> [21]
C38:TCP  FIN ACK, [1069] -> [59769]
S39:TCP  ACK,     [59769] -> [1069]
```

図 7.6　FTP のプロトコルトレース例

れる（C25, S26）。ファイルを転送する（S27 から S34）。サーバのポート 21 はパケット 30 でデータ転送の完了を知らせているが，ポート 59769 を通したデータ転送は平行して実行されている。

サーバは最終のファイル転送において TCP 接続の終了を要求する（S35）。データ転送用ポート 59769 の TCP 接続を終了する（C36, C38, S39）。C37 は S30 に対する応答である。ポート 21 の TCP 接続は終了していないため，引き続き他のファイルを転送することができる。

PASV コマンドを用いないとき FTP サーバ（ポート 20）からクライアントに対して TCP 接続が起動される。この時のポート番号はサーバ（ポート 21）へ接続したクライアントのポート番号＋1 が用いられる。PORT コマンドを用いて，サーバからクライアントへのポート番号を指定することもできる。

7.4 Telnet

7.4.1 Telnetのコマンドと応答コード

Telnet プロトコルを用いることによってネットワークを介してサーバを利用することができる。図 7.7 に Telnet を用いた遠隔アクセスの例を示す。通常，サーバには専用端末が用意されており利用者は専用端末まで来てサーバを使用することができる。しかし，ネットワークを通して，例えば自分の研究室からサーバをアクセスできる方が便利である。Telnet を用いれば離れた場所からサーバをアクセスすることができる。

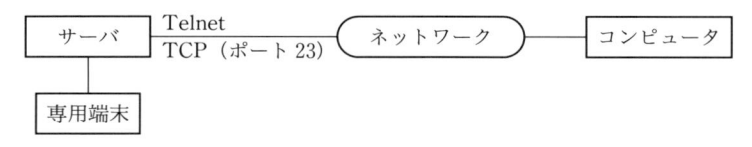

図 7.7 Telnet を用いた遠隔アクセス

Telnet クライアントはポート番号 23 を指定して TCP 接続を要求する。利用者名とパスワードを入力し正当な利用者であることを認証する。認証が終了

すれば調停と呼ばれる作業が行われる。調停はTelnetサーバとクライアントが端末の型を調整するためのものである。端末の調停はスクリーンエディタを利用するときなどに必要である。調停が終了すれば遠隔利用者は自室のコンピュータを専用端末と同様に使用することができる。

調停における代表的なコマンドを**表7.7**に示す。また，おもなオプションを**表7.8**に示す。例えば，#FF FD 18を例にあげる。#FFは引き続く#FD 18がコマンドであることを表す。#FDは調停を行う（DO調停）コマンドである。さらに#18はターミナルタイプを表すので，#FF FD 18はターミナルタイプの調停を実行することを示す。#FF FA 18 01 FF F0は副調停を実行し，ターミナルタイプを#01（vt 100）に設定し，副調停を終了することを示す。

表7.7 Telnetの調停におけるおもなコマンド

コマンド名	数　値	説　　明
SE	240(#F0)	副調停の終了
SB	250(#FA)	副調停開始
WILL	251(#FB)	WILL調停コマンド
WON'T	252(#FC)	WON'T調停コマンド
DO	253(#FD)	DO調停コマンド
DON'T	254(#FE)	DON'T調停コマンド
IAC	255(#FF)	続く数値はコマンドである

表7.8 Telnetの調停におけるおもなオプション

オプション	数　値	説　　明
Binary Transmission	00(#00)	8ビット単位データ
Echo	01(#01)	文字エコー
Status	05(#05)	Telnetオプションの状態
Terminal Type	24(#18)	ターミナルタイプ

7.4.2　Telnetの実行シーケンス

図7.8に，Telnetのプロトコルトレース例を示す。まず，クライアントはポート番号23を指定してサーバとの間にTCP接続を確立する（C1，S2，C3）。続いて，ターミナルタイプをvt 100にする（S4，C5，S6，C7）。調停はTCP接続確立直後に行われる。その他の調停は省略する（S8からC15）。サ

```
C1: TCP  SYN,      [1057] -> [23]
S2: TCP  SYN ACK,  [23] -> [1057]
C3: TCP  ACK,      [1057] -> [23]

S4: TCP  PSH ACK, [23] -> [1057]  #FF FD 18  // DO ターミナルタイプ
C5: TCP  PSH ACK, [1057] -> [23]  #FF FB 18  // WILL ターミナルタイプ
S6: TCP  PSH ACK, [23] -> [1057]  #FF FA 18 01 FF F0  // SB ターミナルタイプ 01 SE
C7: TCP  PSH ACK, [1057] -> [23]  #FF FA 18 00 76 74 31 30 30 FF F0
                                                  // SB 00 vt100 SE
                      その他の調停 略

S16: TCP  PSH ACK, [23] -> [1057]   AIX Version 4  略 login:

C17:TCP  PSH ACK, [1057] -> [23]  i
S18:TCP  PSH ACK, [23] -> [1057]  i
C19:TCP  ACK,     [1057] -> [23]
                      以下 1 文字づつ利用者名およびリターンを転送

S42:TCP  PSH ACK, [23] -> [1057]   利用者の Password:
C43:TCP  ACK,     [1057] -> [23]
                      以下 1 文字づつパスワードおよびリターンを転送

S63:TCP  PSH ACK, [23] -> [1057]   略 Last login: 略
C64:TCP  ACK,     [1057] -> [23]

S65:TCP  PSH ACK, [23] -> [1057]   データ転送 (1B 5B 48 1B 5B 32 4A)
C66:TCP  ACK,     [1057] -> [23]

S67:TCP  PSH ACK, [23] -> [1057]   eng-serv(利用者名)%
C68:TCP  ACK,     [1057] -> [23]
                      以下 1 文字づつコマンド＋リターンを転送：pwd

S81:TCP  PSH ACK, [23] -> [1057]   /ホーム/所属/利用者名..eng-serv(利用者名)%
C82:TCP  ACK,     [1057] -> [23]
                      他のコマンド実行 略
                      以下 1 文字づつコマンド＋リターンを転送：logout

S110:TCP  FIN ACK, [23] -> [1057]
C111:TCP  ACK,     [1057] -> [23]
C112:TCP  FIN ACK, [1057] -> [23]
S113:TCP  ACK,     [23] -> [1057]
```

図 7.8　Telnet のプロトコルトレース例

ーバから login を要求するメッセージが送られる (S16)。

　利用者名の最初の一文字を転送する (C17, S18, C19)。同様に一文字ずつ利用者名が送られる (C20 から C41)。サーバからパスワード入力を要求するメッセージが送られる (S42, C43)。一文字ずつパスワードが送られる (C44

から C62)。正当な利用者であることが確認された場合，サーバからのログインメッセージが送られてくる（S63，C64）。サーバからデータ#1B 5B 48 1B 5B 32 4A（ESC [H ESC [2 J）が送られている。サーバからコマンド入力行が送られてくる（S67，C68）。一文字ずつコマンド pwd を転送する（C69 から C80）。サーバから応答が送られてくる（S81，C82）。ほかのコマンド実行については省略する（C83 から C92）。

クライアントから logout を一文字ずつ入力する（C93 から S109）。TCP 接続を終了する（S110，C111，C112，S113）。

図 7.8 に示されるように，Telnet においては一文字ずつ忠実に転送が行われている。1 行ごとに転送したほうがよいように思えるが，スクリーンエディタなどではキー入力ごとに反応する必要がある。応答が遅い場合には複数文字が 1 パケットで転送されることもある。

7.5 HTTP

7.5.1 HTTP のコマンドと応答コード

HTTP（hyper text transfer protocol）は WWW（World Wide Web）ブラウザを搭載するコンピュータと WWW サーバ間の HTML（hyper text markup language）データを転送するプロトコルである。HTML はホームページ記述用の言語である。

図 7.9 に示すように HTTP ではポート番号 80 を用いて TCP 接続を確立する。その後 GET コマンドを用いて HTML ファイルや画像ファイルを取り込む。WWW サーバはデータ転送直後に TCP 接続を終了することが多い。

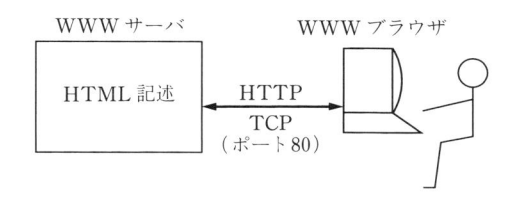

図 7.9　WWW ブラウザを用いたネットサーフィン

HTTPで使用されるおもなコマンドは3個である。これらを**表7.9**に示す。また，応答コードを**表7.10**に示す。

表7.9 HTTPのおもなコマンド

コマンド名	引　数	説　明
GET	パス名，メッセージ	指定したパスからデータを読み出す
HEAD	パス名，メッセージ	HTML記述のヘッダ部分を読み出す
POST	パス名，メッセージ	指定したパスへデータを書き込む

表7.10 HTTPのおもな応答コード

コード	説　明
200	要求通り受け入れられた
304	変更されていない
400	シンタックスエラー
401	認証されていない
404	指定されたファイルなどが見つからない

WWWの多彩な機能はHTMLとWWWブラウザによって提供されている。HTML記述法の詳細は省略するが，おもなブラウザには現在のページのHTML記述を表示する機能がある。

7.5.2　HTTPの実行シーケンス

HTTPのプロトコルトレース例を**図7.10**に示す。まず，クライアントはポート番号80を指定してWWWサーバとの間にTCP接続を確立する（C1，S2，C3）。GETコマンドを用いてHTMLファイルの転送を要求する（C4）。このとき，サーバに対してさまざまな情報を提供する。サーバは要求を受け付けたことを知らせる（S5，C6）。HTMLファイルの転送を行う（S7，S8，C9，S10，S12，C13）。必要な画像ファイル（.gif）の転送を要求する。このとき，画像ファイルの転送要求に対しては，HTMLファイルの転送とは異なるポート番号を用いる（ポート1037，1038，1039）。

データの転送が終了すると，サーバはTCP接続を終了する（S27，C28など）。TCP接続の終了は2個のパケットによって確認されている。

このプロトコルトレースからもわかるように，HTTP 1.0においては1個

```
C1: TCP  SYN,     [1036] -> [80]
S2: TCP  SYN ACK, [80] -> [1036]
C3: TCP  ACK,     [1036] -> [80]

C4: TCP  PSH ACK, [1036] -> [80]  GET / HTTP/1.0.. If-Modified-Since: Thursday, 日
付 07:26:31 GMT; length=5217..Connection: Keep-Alive..User-Agent: Mozilla/4. 01
[ja] (Win95; I)..Host: www サーバ名..Accept: image/gif, image/x-xbitmap, image/jpeg,
image/pjpeg, */*.. Accept-Language: ja..Accept-Charset: iso-8859-1, *,utf-8....

S5: TCP  PSH ACK, [80] -> [1036]  HTTP/1.0 200 OK..Server: 略
C6: TCP  ACK,     [1036] -> [80]

S7: TCP  ACK,     [80] -> [1036] <HTML> <HEAD> <TITLE> タイトル </TITLE> </HEAD> 略
             ポート1036を用いてHTMLデータを転送 (S7,S8,C9,S10,S12,C13)
             ポート [1037] -> [80]接続要求と応答 (C11,S15,C16)
             ポート [1038] -> [80]接続要求と応答 (C14,S17,C18)
             ポート [1039] -> [80]接続要求と応答 (C19,S23,C24)

C20:TCP PSH ACK, [1037] -> [80]  GET /data/logo2.gif HTTP/1.0.. 略
C21:TCP PSH ACK, [1036] -> [80]  GET /data/b2.gif HTTP/1.0.. 略
C22:TCP PSH ACK, [1038] -> [80]  GET /data/mn2.gif HTTP/1.0..略

C25:TCP PSH ACK, [1039] -> [80]  GET /data/post.gif HTTP/1.0..略

S26:TCP PSH ACK, [80] -> [1037]  HTTP/1.0 304 Use local copy 略
S27:TCP FIN ACK, [80] -> [1037]
C28:TCP ACK,     [1037] -> [80]

S29:TCP PSH ACK, [80] -> [1036]  HTTP/1.0 304 Use local copy 略
S30:TCP FIN ACK, [80] -> [1036]
C31:TCP ACK,     [1036] -> [80]

S32:TCP PSH ACK, [80] -> [1038]  HTTP/1.0 304 Use local copy 略
S33:TCP FIN ACK, [80] -> [1038]
C34:TCP ACK,     [1038] -> [80]

S35:TCP PSH ACK, [80] -> [1039]  HTTP/1.0 304 Use local copy  略
S36:TCP FIN ACK, [80] -> [1039]
C37:TCP ACK,     [1039] -> [80]
```

図7.10 HTTPのプロトコルトレース例

のデータ（HTMLファイル，画像ファイル）の転送が完了するとそのTCP接続を切断する．接続を維持しているわけではない．接続先をつぎつぎと変えてゆくいわゆるネットサーフィンには適している．しかし，データベース検索のように対話的な処理が必要な応用には不向きである．

より進んだHTTPの版では一つのTCP接続で複数のコマンドが実行でき

る。各 TCP に対し履歴を保存すると，特にアクセスの多い WWW サーバでは負荷が大きくなる。

WWW サーバをアクセスするとき下記のような記述を行う。この記述は URL (uniform resource locator) と呼ばれる。

　　　http://ホスト名/パス名/ファイル名

パス名およびファイル名は省略することができる。下記の記述も URL の一種であり，WWW ブラウザを用いて FTP サイトにアクセスできる。

　　　ftp://ホスト名/パス名/ファイル名

――― 演 習 問 題 ―――

〔1〕 電子メールの送信においてつぎの場合の応答について説明せよ。
　　（1） 存在しない利用者名を指定した
　　（2） 存在しないドメイン名を指定した
　　（3） 稼動停止中の電子メールサーバを指定した
〔2〕 電子メールを読み出した後に，その電子メールをサーバに残すことの利点と欠点について説明せよ。
〔3〕 図 7.6（FTP パケットトレース）において C18，C28 および C37 はクライアントからサーバに対する確認である。どのパケットに対する確認であるか。
〔4〕 ブラウザで "ftp://ホスト名/ディレクトリ/ファイル名" を指定することによってファイルの転送を実行せよ。
〔5〕 Telnet においてクライアント→サーバ，サーバ→クライアントのパケットの大きさと頻度を比較せよ。
〔6〕 ブラウザから HTML 記述を表示しその内容を解析せよ。
〔7〕 WWW 閲覧の途中でサービスが停止することがある。そのときの動作と対策について説明せよ。
〔8〕 存在しないファイルを指定したときの ftp サーバおよび WWW サーバの応答について説明せよ。
〔9〕 WEB メールの仕組みと特徴を説明せよ。
〔10〕 電子メールやニュースを用いた議論は非常に有効である。しかし，ときには加熱することもある。理由と対策を考えよ。

8 経路制御

　この章では，IPデータグラムがルータを経由してどのように転送されるかについて説明する。IPアドレスを基にパケットを転送することをIPルーティングと呼ぶ。ルータは経路表と呼ばれるテーブルを有しておりIPデータグラムが到着したとき経路表を参照して経路を選択する。

　IPデータグラムを適切な方向へ転送するためには，適切な経路表を作成することが必要である。小規模なLANにおいては，人手によって経路表を作成し接続の変更に応じて更新することも可能である。このような方法は静的経路制御と呼ばれる。

　しかし，中規模以上のLANおよびWANでは接続の変更やルータの障害がときどき発生する。このため静的経路制御は現実的ではない。そこで，ルータどうしが経路情報を交換し経路表を作成する方法が用いられている。ルータどうしが経路情報を交換する方法は動的経路制御と呼ばれる。経路情報の交換を行うプロトコルを経路交換プロトコルと呼ぶことにする。

　LANとWANでは異なる経路交換プロトコルが用いられている。LANではRIP（routing information protocol），OSPF（open shortest path first）と呼ばれる経路交換プロトコルが広く用いられている。WANではBGP（border gateway protocol）と呼ばれる経路交換プロトコルが広く用いられている。さらに，WANではIX（Internet exchange）と呼ばれる技術を用いて集中的なパケット交換が行われている。

　この章では，経路表を用いた転送方法，RIP，OSPFについて説明する。BGPについては市販の参考書などを参照されたい。

8.1 IPデータグラムの転送制御

図8.1に示されるネットワーク（図5.5と同一）におけるパケット転送を考える。ホスト1（IPアドレス10.1.1.11）とホスト2（10.1.1.12）との間のパケットはルータを通さないで転送される。ホスト1とホスト2は同じネットワークA（10.1.1.0）に属するので，ARP（5.2節）によってたがいの物理アドレスがわかる。

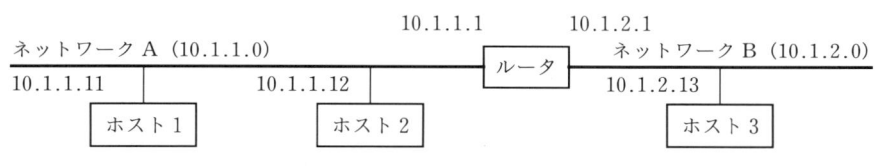

図8.1 ネットワークの接続例，ルータが1個の場合

一方，ホスト1がネットワークB（10.1.2.0）のホスト3（10.1.2.13）にパケットを送ることを考える。このとき，ルータを介してパケットの転送が行われる。まずホスト1からルータ（10.1.1.1）への転送が実行される。ルータはIPデータグラムのIPアドレスを書き換えることなく物理アドレスを付け替える。ルータ（10.1.2.1）からホスト3へIPデータグラムが転送される。

図8.1におけるホスト1は表8.1に示されるような経路表を持つ。ネットワークAに対し，IPアドレスの最右8ビットがネットワークA内のアドレスを表す。サブネットマスクは255.255.255.0である。ネットワークA内の転送に対してルータを用いる必要はない。ネットワークAに対するルータアドレスとして自分自身（10.1.1.11）を指定する。ネットワークAに対するインターフェイスも10.1.1.11を指定する。ホップ数は転送に必要なリンク数であ

表8.1 ホスト1（図8.1）の経路表

ネットワークアドレス	サブネットマスク	ルータアドレス	インターフェイス	ホップ数
10.1.1.0	255.255.255.0	10.1.1.11	10.1.1.11	1
127.0.0.0	255.0.0.0	127.0.0.1	127.0.0.1	1
0.0.0.0	0.0.0.0	10.1.1.1	10.1.1.11	1

る。ホスト 1 からネットワーク A に対するホップ数は 1 である。

IP アドレス 127.0.0.0 はループバックネットワークと呼ばれる。終点 IP アドレスが 127.0.0.1 である IP データグラムは，その IP データグラムを発行したホストのデータリンク層に入力される。この IP データグラムがケーブル上に現れることはない。ループバックネットワークに対するルータアドレスおよびインターフェイスは 127.0.0.1 である。ホップ数は 1 である。

IP アドレス 0.0.0.0 はデフォルト経路と呼ばれる。経路表で陽に指定された IP アドレス以外の転送先を示す。表 8.1 において，ネットワーク A およびループバックネットワーク以外への IP データグラムは，デフォルト経路の指定に従ってインターフェイス 10.1.1.11 からルータ 10.1.1.1 へ転送される。ホスト 1 からネットワーク B に IP データグラムを転送するとき，デフォルト経路に従ってルータがパケットを中継する。

図 8.1 においてホスト 2 およびホスト 3 も経路表を持つ。**表 8.2** にホスト 3 の経路表を示す。ホスト 2 の経路表は演習問題 8 章〔1〕とする。

表 8.2 ホスト 3（図 8.1）の経路表

ネットワークアドレス	サブネットマスク	ルータアドレス	インターフェイス	ホップ数
10.1.2.0	255.255.255.0	10.1.2.13	10.1.2.13	1
127.0.0.0	255.0.0.0	127.0.0.1	127.0.0.1	1
0.0.0.0	0.0.0.0	10.1.2.1	10.1.2.13	1

つぎに，**図 8.2** に示されるようなネットワーク接続を考える。例えば，ネットワーク C とネットワーク D を接続するためにはルータ R2, R3 を経由する必要がある。また，ネットワーク E からインターネットに接続するためには

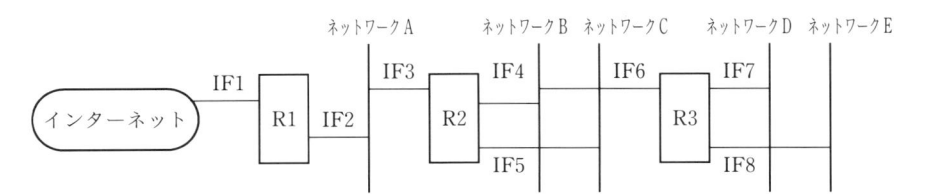

図 8.2 ネットワークの接続例，ルータが直列に接続

ルータ R3，R2，R1 を経由する必要がある。

図 8.2 で示されるネットワーク接続に対して，ルータ R1，R2，R3 の経路表を**表 8.3** に示す。例えば，ルータ R1 が IP データグラムを受け取ったとき，ネットワーク A に対するパケットであれば IF2 を通してネットワーク A のホストに転送する。ネットワーク A に対するホップ数は 1 である。ネットワーク B に対するデータグラムであれば IF2 を通してルータ R2 に転送する。ネットワーク B に対するホップ数は 2 である。ネットワーク A，B，C，D，E 以外へのパケットであれば IF1 を通してインターネット内のルータ r（図示されていない）へ転送する。表においてルータとして自分自身が指定されているとき，転送先ホストが当該インターフェイスに接続されていることを意味する。

表 8.3 ルータ R1，R2，R3（図 8.2）の経路表

ルータ R1				ルータ R2				ルータ R3			
NW	R	IF	hop	NW	R	IF	hop	NW	R	IF	hop
A	R1	IF2	1	A	R2	IF3	1	A	R2	IF6	2
B	R2	IF2	2	B	R2	IF4	1	B	R3	IF6	1
C	R2	IF2	2	C	R2	IF5	1	C	R2	IF6	2
D	R2	IF2	3	D	R3	IF4	2	D	R3	IF7	1
E	R2	IF2	3	E	R3	IF4	2	E	R3	IF8	1
0000	r	IF1	1	0000	R1	IF3	1	0000	R2	IF6	1

r：図示されていない

ホップ数を基に経路を選択する方法は距離ベクトル法と呼ばれる。RIP はこの方法を採用している。

8.2 RIP

8.2.1 経路表の作成

8.1 節では経路表が与えられたとき，どのようにパケットが転送されるかを説明した。ここでは，ルータが経路表を作成するための経路交換プロトコル RIP（routing information protocol）について説明する。RIP は UDP を用いる。ポート番号は 520 である。RIP パケットはルータを越えて放送される。

再度，図 8.2 で示されるネットワークを考える。各ルータはリブート直後とする。ただし，それぞれのインターフェイス IF が接続するネットワークおよびデフォルト経路を設定ファイルから読み込んでいる。この状態でルータ R1，R2，R3 は**表 8.4** に示されるような経路表を有しており，これを放送する。

表 8.4 ルータ R1，R2，R3 が最初に放送する経路表

ルータ R1		ルータ R2		ルータ R3	
NW	hop	NW	hop	NW	hop
A	1	A	1	B	1
		B	1	D	1
		C	1	E	1

ルータ R1，R2，R3 はそれぞれ他のルータから表で示される経路表を受け取る。受け取った経路表から表 8.3 で示されるような経路表を作成することができる。例えば R1 は R2 からの情報を基にネットワーク B および C へホップ数 2 で到達できることがわかる。さらに，R3 からの情報を用いるとネットワーク D および E へホップ数 3 で到達できることがわかる。

8.2.2 RIP パケットの形式

RIP のデータ形式を**図 8.3** に示す。コマンド（1 バイト），版（1 バイト）の後に経路情報が続く。一組の経路情報はアドレスファミリ識別子，IP アドレス，メトリックなど（計 20 バイト）から成っており，25 組（合計 500 バイ

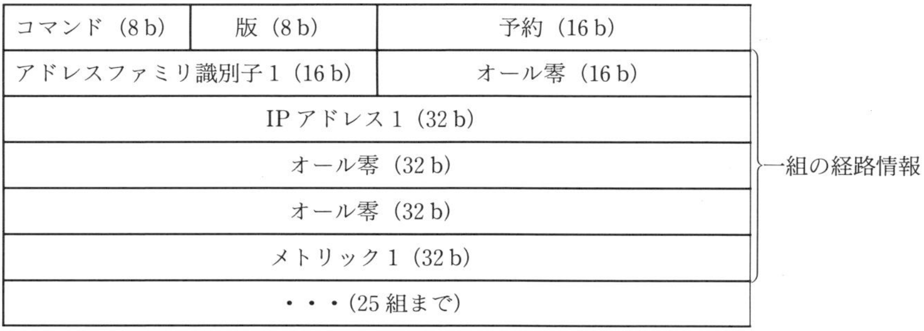

コマンド (8 b)	版 (8 b)	予約 (16 b)
アドレスファミリ識別子 1 (16 b)		オール零 (16 b)
IP アドレス 1 (32 b)		
オール零 (32 b)		
オール零 (32 b)		
メトリック 1 (32 b)		
・・・(25 組まで)		

（右側：一組の経路情報）

図 8.3 RIP パケットの形式

ト）までに制限されている。RIP データの各フィールドの意味を以下に説明する。

- **コマンド**

1：経路情報の転送を要求する。

2：経路情報の転送要求に対する応答，または更新情報であることを示す。

- **版**　　RIP のバージョンを表す。RIP1 に対して 1，RIP2 に対して 2 が指定される。
- **アドレスファミリ識別子**　　IP に対して 2 が設定される。
- **IP アドレス**　　ネットワークを表す 4 バイトの IP アドレスが設定される。
- **メトリック**　　RIP では到達に要するホップ数（1 以上 15 以下）をコストの指標として用いている。値が 16 のときそのネットワークへは到達不能である。RIP ではこのフィールドを用いて距離ベクトル法を実現している。

RIP パケットの例を図 8.4 に示す。この例は RIP の第 1 版であり，経路情報の転送を要求している。経路情報の組が 1 個だけかつメトリックが 16 なので，経路表全体の転送を要求している。サブネットワーク #8556XX00 に対する要求である。UDP ポートとして 520（#0208）が指定されている。

```
Packet 1: UDP,  [520] -> [520]
     UDP length: 32,  Checksum: 0000h (Not computed)
RIP Route Request: Version: 1

0000  FF FF FF FF FF FF 08 00 20 74 75 16 08 00 45 00   ÿÿÿÿÿÿ.. tu...E.
0010  00 34 79 E7 00 00 3C 11 B4 95 85 56 XX XX 85 56   .4y*..<.I腐V...V
0020  XX FF 02 08 02 08 00 20 00 00 01 01 00 00 00 00   .ÿ..... ........
0030  00 00 00 00 00 00 00 00 00 00 00 00 00 00 00 00   ................
0040  00 10                                             ..
```

図 8.4　RIP パケットの例

RIP パケットの交換は 30 秒に 1 度実行される。あるルータに障害が発生したとき，ホップ数 15 のルータに反映されるために最大 7 分を越える時間が必要となる。

RIP は単純で実装しやすいという利点がある．しかし，つぎの欠点があるので大規模ネットワークの経路制御には適していない．すなわち，転送に要するコストをホップ数で管理しておりリンクの転送能力が反映されない．ホップ数が 15 までに制限されており，ルータが 15 段以上となるネットワークには適用できない．また，30 秒に 1 回の放送なので最悪の場合の収束時間は 7 分を越えてしまうなどである．

8.3 OSPF

8.3.1 重み付き有向グラフを用いた経路制御

ここではもう一つの経路交換プロトコル OSPF (open shortest path first) について説明する．RIP では転送コストの指標をホップ数としていた．しかし，ホップ数の多い経路のほうがパケット転送の経路として望ましいこともある．そこで OSPF では各リンクに重みを付け転送コストに反映させている．すなわち OSPF においては，経路選択は重み付きグラフが与えられたときコスト最小の経路を求める問題となる．

OSPF ではリンク状態法と呼ばれる手法が用いられている．すなわち，OSPF ではネットワーク内の各ルータが同一の接続データベース（重み付き有向グラフ）を持つ．その有向グラフに対して自分を根としてその他のルータに対して最短経路を求める．最短経路を求めるアルゴリズムはダイクストラ法（8.3.2 項）として知られている．

例を用いて OSPF を説明する．**図 8.5** にネットワーク接続の例を示す．ネットワーク N1，N2，N3，N4，N5 およびルータ R1，R2，R3，R4，R5，R6 が存在する．リンクに付されている数値はコストである．ネットワークからルータへのコストはすべて 0 であり図では記述が省略されている．例えば，ルータ R1 からネットワーク N1 へのコストは 3 であり，N1 から R1 へのコストは 0 である．ネットワーク間に複数の経路が存在することがあるので経路の選択には注意を要する．

8.3 OSPF

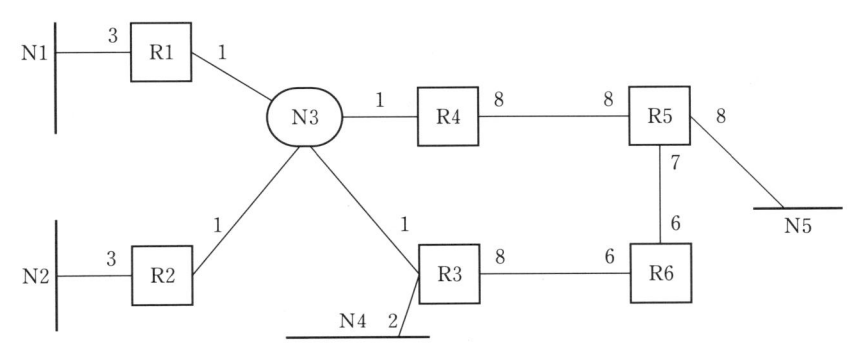

図 8.5 ネットワークの接続例，経路ループが存在する

図 8.5 で示されるネットワーク接続に対し重み付き有向グラフを構成することができる。グラフの頂点はネットワークおよびルータである。頂点を結ぶリンクを重み付き有向枝とすると**図 8.6** に示されるような有向グラフが構成できる。この重み付き有向グラフに対しダイクストラ法を用いると，ある頂点からその他の頂点に達する最短経路を求めることができる。

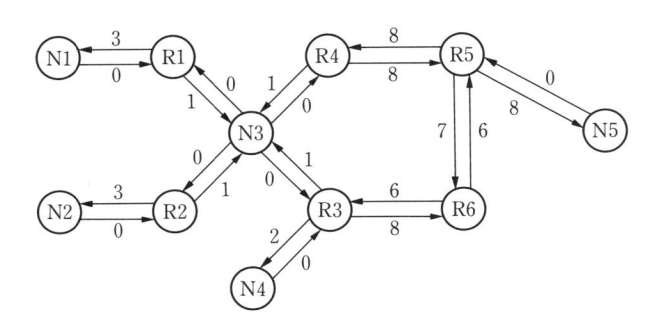

図 8.6 リンク状態を表す重み付き有向グラフ（図 8.5 に対する）

OSPF では IP データグラム中のプロトコルフィールドで 89（表 5.1 OSPF）を指定する。UDP も TCP も用いない。

ネットワークに複数のルータが接続されているとき，OSPF では代表ルータとバックアップ代表ルータを選ぶ。これによって，接続データベースの構成に参加するルータの個数を減らすことができ効率的な経路交換が行われる。

8.3.2 ダイクストラ法

重み付き有向グラフが与えられたとき，ある頂点を根としてその他の頂点への最短経路（コスト最小の経路）を求めるアルゴリズムとして，ダイクストラ法（Dijkstra's method）が知られている。

ダイクストラ法を図 8.7 に示す。行番号は説明のために付されている。

```
1   ダイクストラ法 (G(V, E), 根 v1)
2   {
3       Q = V;
4       f(v1) = 0,  f(v2) = ... = f(vn) = ∞ ;
5       while Q ≠ φ do              // 候補集合が空でなければ実行
6       {
7           f(vi) (∈ Q) のうち最少の f(vi)を選び f(v*)と表す．
                                    // f(v*) は根 v1 から v*への最小コスト経路となる
8           Q = Q – v*;             // v* を候補集合から除く
9           for all vi (∈ Q) do     // 候補集合に属する頂点に対して実行
10              f(vi) = min{f(vi), f(v*) + c(vi, v*)};
                                    // 頂点 v*経由が小さければ入れ替える
11      }
12  }
```

図 8.7　ダイクストラ法

有向グラフを $G(V, E)$ と表す。V は頂点の集合，E は有向枝の集合である（第1行）。頂点を v_1, v_2, …, v_n と表す。頂点 v_1 を根とするアルゴリズムを示しても一般性を失わない（第1行）。頂点 v_i から v_j へのコストを $c(v_i, v_j)$ と表す。枝がない場合にはコスト無限大と見なす。根 v_1 からの最短経路が見つかった頂点の集合を P と表す。集合 $Q=(V-P)$ は候補の集合となる。配列 $f(v_j)$ は根 v_1 から v_j へのコストを表すものとする。

初期状態においてすべての頂点が候補なので $Q=V$ である（第3行）。また，初期状態において，根 v_1 へのコストのみが0であり他の頂点へのコストはわかっていないので無限大である。すなわち，$f(v_1)=0$, $f(v_2)=\cdots=f(v_n)=\infty$ である（第4行）。候補となる頂点が存在すれば（すなわち $Q \neq \phi$ であれば）第6行以下を実行し，候補となる頂点が存在しなければアルゴリズムは終了する（第5行）。候補集合に属する頂点のうち，最小の $f(v^*)$ を持つ

頂点 v^* を選ぶ（第 7 行）．最初の実行では v_1 が選ばれる．このとき，コスト $f(v^*)$ は根 v_1 から v^* への最小コストとなることが知られている．頂点 v^* を候補集合から除く（第 8 行）．候補集合の頂点に対して，現在のコスト $f(v_i)$ と v^* 経由のコストを比較して，小さい方を新しいコスト $f(v_i)$ とする（第 9, 10 行）．

重み付き有向グラフ（図 8.6）に対して，ルータ R6 を根とする最短経路木を図 8.8 に示す．

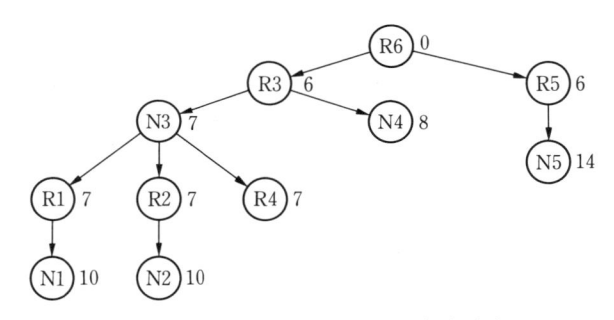

図 8.8 ルータ R6 を根とする最短経路木

8.4 WAN と LAN の経路制御

単体の管理単位によって運営されるネットワークは自律システム（AS：autonomous system）と呼ばれる．単体の管理単位とは，ネットワークを運営する公的機関やインターネット接続業者が相当する．自律システムの内部では単体の管理者が存在し，その管理方針の下でネットワークが運営される．各自律システムに対し，インターネット上で唯一の自律システム番号（16 ビット）が割り当てられている．例えば，WIDE には 2 500 が割り当てられている．

経路交換プロトコルは自律システム内と自律システム間に分けることができる．自律システム内の経路制御は IGP（interior gateway protocol）と呼ばれる．代表例は RIP と OSPF である．自律システム間の経路交換プロトコルは

EGP (exterior gateway protocol) と呼ばれる。EGP として BGP (border gateway protocol) が用いられている。BGP では前もって設定されたルータどうしで TCP 接続を行い経路情報を交換する。

自律システムと経路交換プロトコルの例を**図 8.9** に示す。この例では 3 個の自律システムが存在している。自律システム内の IGP として，自律システム A 内では RIP が，自律システム B 内では OSPF が使用されている。自律システム間の経路交換プロトコルとして BGP が使用されている。

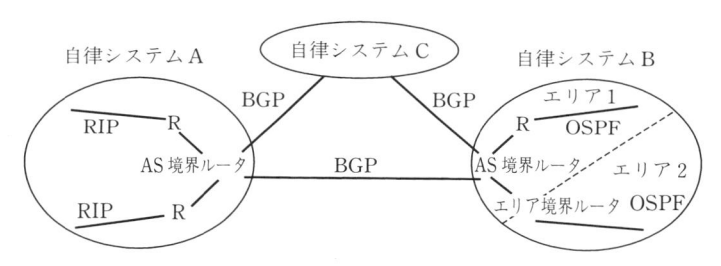

図 8.9 自律システムと経路交換プロトコル

自律システム A の AS 境界ルータは RIP と BGP の両方を扱わなければならない。自律システム B の AS 境界ルータは OSPF と BGP の両方を扱わなければならない。自律システム B は 2 個のエリアに分けられており，それぞれの範囲内で OSPF による経路制御が行われる。自律システム B 内のエリア境界ルータはエリア 1 とエリア 2 の橋渡しを行う。

多くのインターネット接続業者あるいは公的なネットワーク接続機関が相互に接続するとき，インターネット相互接続点（IX：Internet exchange）と呼ばれる手法が用いられる。例えば，**図 8.10**(a) に示されるように，5 者が相互に接続する場合を考える。接続回線が 10 本あるので，BGP を用いて 10 通りの経路情報を交換する必要がある。一方，図(b)のような IX 方式を用いると，パケットは接続点で集中的に交換される。

IX において，転送の効率という面からはネットワーク A，B，C，D，E が相互にパケットを交換できることが望ましい。しかし，例えばネットワーク A のみが海外接続回線を持っている（経費を負担している）とする。ネットワー

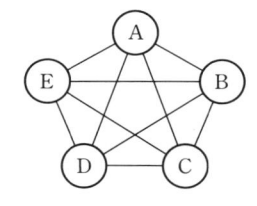

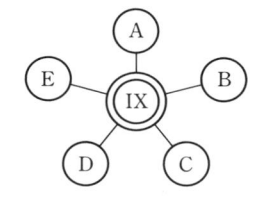

```
        (a) 相互接続方式              (b) 相互接続点(IX)方式
```
図 8.10 WAN におけるパケットの交換

クAは，BからEのうち契約したネットワークとのみパケットを交換することもある．IXにおいてどのようにパケットを交換するかという取決めはピアリングと呼ばれる．

演習問題

〔1〕 図 8.1 におけるホスト 2 の経路表を示せ．

〔2〕 netstat -r コマンドを用いて経路表を調査せよ．

〔3〕 図 8.2 においてネットワーク C からネットワーク E およびインターネットに IP データグラムを転送するとき，ルータの転送制御を説明せよ．

〔4〕 表 8.3 から表 8.2 が構成できることを確かめよ．

〔5〕 つぎの情報を有する IP ヘッダ，UDP ヘッダ，RIP データを 16 進数で示せ．コマンド：RIP 応答，版：1，（IP アドレス：メトリック）：(11.22.33.0：2)，(11.22.44.0：1)，(11.22.55.0：到達不能)．IP ヘッダのパラメータは演習問題 5.2 を用いること．チェックサムの計算は必要ない．

〔6〕 図 8.5 で示されるネットワークに対して，RIP を用いたときのルータ R1 の経路表を示せ．

〔7〕 ipconfig -all を用いて最寄りのルータの IP アドレスを確認せよ．

〔8〕 図 8.6 においてルータ R3 を根とする最小経路コスト木を，ダイクストラ法を用いて構成せよ．

〔9〕 国内に割り当てられている自律システム番号を調査せよ．

〔10〕 国内インターネット接続業者の相互接続および IX について調査せよ．

9 IPアドレスの扱い

　本章ではIPアドレスに関連する技術，すなわちDNS（domain name system），DHCP（dynamic host configuration protocol），プライベートIPアドレスについて説明する。

　インターネットのアプリケーション層ではホスト名が用いられる。一方，ネットワーク層ではIPアドレスが用いられる。このため，ホスト名とIPアドレスを関係付ける必要がある。この技術はDNSと呼ばれる。DNSを用いることによってホスト名からIPアドレスへの変換ならびにその逆変換が可能となる。

　DHCPは，クライアントがネットワーク接続を開始するときにIPアドレスなどの情報を受け取るプロトコルである。クライアントがネットワークに接続されるときだけIPアドレスを割り当てるので，限られたIPアドレスを効率よく利用できる。IPアドレスの管理も容易となり，サブネットマスクなどの設定間違いも防止できる。

　プライベートIPアドレスは，内部ネットワークに対して所定の範囲のIPアドレスを自由に割り当てる方法である。内部ネットワークとインターネットとの接点で，プライベートIPアドレスから広域IPアドレス（またはその逆）へ変換する。セキュリティの面からも有効である。

　プロキシサーバは内部ネットワークとインターネット間の応答の改善，およびネットワークセキュリティを高めることを目的として設置される。インターネットと内部ネットワークの接点に位置しアクセスの代行を行う。

9.1 DNS

9.1.1 hostsファイルを用いた変換

ホスト名www.xxx-u.ac.jpからIPアドレスを得ることを考える。このとき，まずhostsファイルが参照される。hostsファイル（拡張子なし）には，

　　　　IPアドレス，ホスト名，エイリアス名（もしあれば）

が記述されている。ホスト名www.xxx-u.ac.jpに対応するIPアドレスが存在すればそれが使用される。

存在しなければ9.1.2項の手法を用いることになる。Windowsではlmhosts.samというファイルに例が示されている。

9.1.2 DNSを用いた変換

少数のホスト名であればhostsファイルにホスト名とそのIPアドレスを登録することは可能である。しかし，多くのホスト名に対してIPアドレスを登録することは現実的ではない。さらに，インターネット接続業者を変更するとIPアドレスも変わるなどの問題がある。このため，DNSと呼ばれる方法を用いてホスト名からIPアドレスを取得する。

ホスト名www.xxx-u.ac.jpを例にとりDNSを用いた変換を説明する。このホスト名に対し，対応するIPアドレスを取得するための手順を図9.1に示す。

まず，クライアントがDNSサーバに対してホスト名からIPアドレスへの変換を要求する（①）。このとき，変換を要求するソフトウェアはリゾルバと呼ばれる。DNSサーバはルートDNSサーバと呼ばれるサーバに問い合わせる（②）。ルートDNSサーバのIPアドレスはDNSサーバのファイルに設定されている。ルートDNSサーバはjpドメインを管理しているネームサーバのIPアドレスを回答する（③）。DNSサーバはjpのネームサーバに対して問合せを行い，jpのネームサーバはac.jpのネームサーバのIPアドレスを

100   9. IPアドレスの扱い

```
                    ルート DNS サーバ
                   ②↑ ↓③
         DNS サーバ ────④──── jp のネームサーバ
                 ↑↑↑   ←──⑤──
               ①↓⑩ ⑦↑ ↓⑥
                   ac.jp のネームサーバ
        クライアント（リゾルバ）
                       ⑧↑ ↓⑨
                   xxx-u.ac.jp のネームサーバ
```

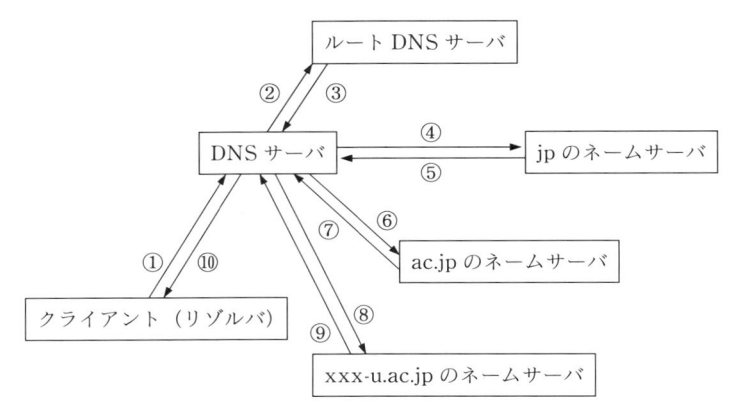

図 9.1 ホスト名から IP アドレスへの変換

回答する（④, ⑤）。DNS サーバは ac.jp のネームサーバに対して問合せを行い，ac.jp のネームサーバは xxx-u.ac.jp のネームサーバの IP アドレスを回答する（⑥, ⑦）。DNS サーバは xxx-u.ac.jp のネームサーバに問合せを行い，xxx-u.ac.jp のネームサーバは www.xxx-u.ac.jp の IP アドレスを回答する（⑧, ⑨）。そこで，DNS サーバはリゾルバに対し www.xxx-u.ac.jp の IP アドレスを知らせる（⑩）。

クライアントは DNS サーバの IP アドレスを知る必要がある。この設定はホストをネットワークに接続するとき手作業などによって行われる。

DNS の問合せは TCP または UDP を使って行われる。ポート番号は 53 である（表 6.1）。DNS サーバは最近変換を行ったアドレスのキャッシュを持っているので，いつもルート DNS サーバまで問い合わせるわけではない。1997 年に日本国内にもルート DNS サーバが設置された。

9.1.3 DNS 用 TCP/UDP パケットの形式

DNS パケットの形式を図 9.2 に示す。問合せ，回答とも同じ形式である。以下に DNS 問合せ/回答パケットの各部分の説明を行う。

- **識別子**（16 ビット）　　問合せを区別するためにリゾルバが生成する
- **パラメータ**（16 ビット）　　問合せ/回答の方法などを区別する。例えば，

識別子 (16 b)	パラメータ (16 b)
質問の数 (16 b)	回答の数 (16 b)
オーソリティの数 (16 b)	追加情報の数 (16 b)
質問に関する情報（可変長）	
回答に関する情報（可変長）	
オーソリティに関する情報（可変長）	
追加情報（可変長）	

図 9.2　DNS 問合せ/回答パケットの形式

#0100 は再帰照会を用いる DNS 問合せを表す．再帰照会とは，IP アドレスへの変換処理を DNS サーバにすべて依頼するものである．また，#8580 は再帰照会を用いた信用できる回答であることを表す．

・**質問数，回答数，オーソリティ数，追加情報数**（それぞれ 16 ビット）　それぞれ質問，回答，オーソリティ，追加情報の数を示す

・**質問に関する情報**（可変長）　問合せのホスト名，タイプ，クラスなどが指定される．ホスト名は文字数とそれに続く ASCII コードとして指定される．例えば "www" は #03 777777，"jp" は #02 6A70 と表される．ピリオド "." は省略される．また，タイプ=1 はホストを表し，クラス=1 は TCP/IP を表す

・**回答に関する情報**（可変長）　問合せのホスト名に対して，以下が回答される

　ホスト名，タイプ，クラス，生存時間，アドレス長，IP アドレス/ホスト名

・**オーソリティに関する情報**（可変長）　ほかの信頼できる DNS サーバに関する情報を提供する

・**追加情報に関する情報**（可変長）　役立つと思われる追加情報が提供される

　DNS 問合せおよびその回答に関する UDP データグラムの例を図 9.3 に示す．パケット 1 では，ホスト名 www.city.hachioji.tokyo.jp に関しその IP アドレスを問い合わせている．パラメータは #0100 であり再帰照会を用いる問合

9. IPアドレスの扱い

```
Packet 1:  00:80:C8:2F:2E:2E -> 00:00:0E:35:0A:A2
IP,    133.86.xx.xx -> 133.86.yy.yy
UDP,   [1045] -> [53]
    UDP length: 52,   Checksum: 3D24h (GOOD)

0000  00 00 0E 35 0A A2 00 80 C8 2F 2E 2E 08 00 45 00   ...5.「.□ネ/....E.
0010  00 48 EB 00 00 00 20 11 54 BF 85 56 XX XX 85 56   .H*... .Tソ・..・
0020  YY YY 04 15 00 35 00 34 3D 24 00 05 01 00 00 01   .....5.4=$......
0030  00 00 00 00 00 00 03 77 77 77 04 63 69 74 79 08   .......www.city.
0040  68 61 63 68 69 6F 6A 69 05 74 6F 6B 79 6F 02 6A   hachioji.tokyo.j
0050  70 00 00 01 00 01                                 p.....

識別子 = 5, パラメータ = #0100, 質問数 = 1, 回答数 = 0, オーソリティ数 = 0,
追加情報数 = 0, 問合せホスト名 = www.city.hachioji.tokyo.jp,
タイプ = 1 (ホスト), クラス = 1 (TCP/IP)


Packet 2:  00:00:0E:35:0A:A2 -> 00:80:C8:2F:2E:2E
IP,    133.86.yy.yy -> 133.86.xx.xx
UDP,   [53] -> [1045]
    UDP length: 170,   Checksum: DD4Fh (GOOD)

0000  00 80 C8 2F 2E 2E 00 00 0E 35 0A A2 08 00 45 00   .□ネ/.....5.「..E.
0010  00 BE 0B 41 40 00 FE 11 16 08 85 56 YY YY 85 56   .セ.A@.t...・..・
0020  XX XX 00 35 04 15 00 AA DD 4F 00 05 85 80 00 01   ...5..ェン0..・..
0030  00 01 00 02 00 02 03 77 77 77 04 63 69 74 79 08   .......www.city.
0040  68 61 63 68 69 6F 6A 69 05 74 6F 6B 79 6F 02 6A   hachioji.tokyo.j
0050  70 00 00 01 00 01 C0 0C 00 01 00 01 00 01 51 80   p.....タ....Q□
0060  00 04 GG HH II JJ 04 63 69 74 79 08 68 61 63 68   ......city.hach
0070  69 6F 6A 69 05 74 6F 6B 79 6F 02 6A 70 00 00 02   ioji.tokyo.jp...
0080  00 01 00 01 51 80 00 0E 03 6E 73 39 04 6D 65 73   ....Q□..ns9.mes
0090  68 02 61 64 C0 50 C0 3C 00 02 00 01 00 01 51 80   h.adタPタ<......Q□
00A0  00 0A 07 6E 61 6D 65 73 76 34 C0 62 C0 5E 00 01   ...namesv4タbタ^..
00B0  00 01 00 01 51 80 00 04 85 CD 10 86 C0 78 00 01   ....Q□..・@・x..
00C0  00 01 00 01 51 80 00 04 85 CD 40 87              ....Q□..・@・x..

識別子 = 5, パラメータ = #8580, 質問数 = 1, 回答数 = 1, オーソリティ数 = 2,
追加情報数 = 2, 問合せホスト名 = www.city.hachioji.tokyo.jp,
タイプ = 1 (ホスト), クラス = (TCP/IP),
ホスト名のポインタ指定 = #C00C, タイプ = 1, クラス = 1,
生存時間 = #00015180, IPアドレス長 = 4, IPアドレス = #GGHH IIJJ
```

図 9.3 DNS問合せおよび回答の UDP データグラムの例

せである。質問数＝1である。ホスト名は ASCII コードで指定されている。

パケット2は DNS サーバからの回答である。パラメータは＃8580 であり，再帰照会を用いた信用できる回答である。回答数＝1，オーソリティ数＝2，追加情報数＝2である。求める IP アドレスは＃GGHH IIJJ であることがわか

る。その他の追加情報も回答に含まれている。

　パケット2におけるホスト名のポインタ指定について説明する。＃C00C の最初の＃C0 はポインタ指定であることを示す。つぎの 0C は UDP データグラムの先頭（データ＃0005）から 12 バイト離れた位置（データ＃0377）にホスト名があることを示す。ポインタ指定は記憶場所を節約するために用いられる。

　DNS サーバはリゾルバからの要求に対して IP アドレスを回答するだけでなく，外部ドメインの DNS サーバからの問合せに対しても回答する必要がある。このためのデータベースファイルを整備している。データベースファイルの詳しい記述方法は参考文献などを参照されたい。

　このデータベースファイルにおいて，MX（mail exchange）と呼ばれるタイプを指定することによってドメイン名と電子メールサーバを対応させることができる。すなわち，MX 指定を用いるとドメイン名を指定することによって電子メールサーバの IP アドレスを指定できる。例えば

　　　　username@xxx-u.ac.jp

という電子メールアドレスを考える。username は利用者（メールボックス）名である。xxx-u は xxx 大学を表すサブドメイン名であり，特定のホストを表すものではない。DNS サーバは MX 指定を用いて xxx-u.ac.jp からこのドメインの電子メールサーバの IP アドレスを回答する。

　MX 指定を用いることにより，ユーザ名@ドメイン名というより自然な記述が可能となる。また，電子メールアドレスの表記が短くなる。さらに，電子メールアドレスを変更することなくサーバを更新できるという利点もある。

9.1.4　IP アドレスからホスト名への変換

　IP アドレスからホスト名を検索することは逆引き DNS と呼ばれる。例えば，FTP サーバや WWW サーバでは，パケット中の IP アドレスからホスト名を求め，ユーザの認証を行うことがある。図 9.4 を用いて逆引きの手順を説明する。この例では，IP アドレス

　　　　123.45.67.89

9. IPアドレスの扱い

```
                    IN-ADDR. ARPA.
  0   . . . . . .      123       . . . . . .  255
  0   . . . . . .    45          . . . . . .  255
  0   . . . . . .      67        . . . . . .  255
  0   . . . . . .         89     . . . . . .  255
```

図 9.4　逆引き DNS の手順

からホスト名を検索している。逆引きの依頼を受けた DNS サーバは，IN-ADDR.ARPA.と呼ばれる逆引きのためのルート DNS サーバに問合せを行う。ルート DNS サーバは 123（IP アドレスの左 8 ビット）のネームサーバについて回答する。もとの DNS サーバは 123 の DNS サーバに対して問合せを行い，45 の DNS サーバに関する情報を得る。同様にして，IP アドレス 123.45.67.89 のホスト名を検索することができる。各 DNS サーバは逆引きのためのデータベースファイルを持たなければならない。

9.2　DHCP

つぎの理由により IP アドレスを自動的に割り当てる DHCP（dynamic host configuration protocol）技術が利用されるようになった。

- IP アドレスが枯渇してきたこと
- 複数の可搬型クライアントを複数の場所でネットワークに接続する
- IP アドレス管理の手間を軽減する

DHCP を用いると，クライアントがネットワークに接続したとき自動的に IP アドレスおよび関連情報が割り当てられる。IP アドレスを持たないコンピュータがネットワークを通じて情報を得るための工夫が必要である。DHCP では UDP が用いられている。Windows では標準で DHCP クライアント機能が装備されている。

クライアントは自分の物理アドレスはわかるが IP アドレスを持っていない。IP アドレスを持たないコンピュータがどのようにパケットを生成し，IP アドレスを獲得するかについて図 9.5 を用いて説明する。クライアントは DHCP

```
                          ┌──────────────┐
                          │  DHCP サーバ  │
                          └──────────────┘
              DHCP 回答（UDP）
    ←─────────────────────────────────────→
              ↓ ↑  DHCP 要求を放送（UDP）
    ┌──────────────┐
    │ DHCP クライアント │
    └──────────────┘
```

図 9.5 DHCP のパケット交換手順

サービスを要求する UDP パケットを放送する。UDP パケットの終点物理アドレスとして放送物理アドレス（#FF-FF-FF-FF-FF-FF）を，終点 IP アドレスとして放送 IP アドレス（#FF.FF.FF.FF）を設定する。始点物理アドレスとして自分の物理アドレスを，始点 IP アドレスとして 0.0.0.0 を指定する。送信元ポートとしてブートクライアント（bootpc, 68）を，送信先ポートとしてブートサーバ（bootps, 67）を指定する。さらに，付録 E に示される情報を付け加えて UDP パケットが構成される。

DHCP サーバはこのパケットを受け取ると，クライアントの物理アドレスを指定して（または放送物理アドレスを指定して）UDP パケットを送り返す。UDP パケットには DHCP クライアントの IP アドレスのほか，ルータの IP アドレス，DNS サーバの IP アドレス，サブネットマスク，接続したネットワークのドメイン名などが記述されている。パケットトレースの例は付録 E を参照されたい。

9.3 プライベート IP アドレスと NAT 技術

9.3.1 プライベート IP アドレス

IP アドレスの枯渇を緩和する技術の一つがプライベート IP アドレスである。企業などの業務を進める上では，インターネットに接続すべきコンピュータは必ずしも多くない。また，ネットワークセキュリティの面からも多くのコンピュータに広域 IP アドレスを割り当てる必要はない。

そこで，大学や企業などがそれぞれの責任で自由に割り当てることのできる

IPアドレスが必要となってきた。これはプライベートIPアドレスと呼ばれる。**表9.1**にプライベートIPアドレスの範囲を示す。

表9.1 プライベートIPアドレス

アドレスの範囲	サブネットマスク	接続可能台数
10.0.0.0〜10.255.255.255	255.0.0.0	約 2^{24}
172.16.0.0〜172.31.255.255	255.240.0.0	約 2^{20}
192.168.0.0〜192.168.255.255	255.255.0.0	約 2^{16}

これらのIPアドレスを使うとそれぞれ，約 2^{24}, 2^{20}, 2^{16} 台のコンピュータが接続できる。これらのIPアドレスはそれぞれの大学や企業などが内部ネットワークのIPアドレスとして自由に使える。個人の家庭で複数のコンピュータを接続するときに使用することもできる。プライベートIPアドレスを持つIPデータグラムは外部ネットワークへ転送されない。

9.3.2 アドレス変換

プライベートIPアドレスを用いたネットワークであっても，内部からインターネットにアクセスしたいことがある。このようなときに，プライベートIPアドレスから広域IPアドレスに変換しなければならない。これはネットワークアドレス変換（NAT: network address translator）と呼ばれる。

図9.6にアドレス変換の例を示す。図では，インターネット接続業者から広域IPアドレスとして xx.yy.zz.16 から xx.yy.zz.31 という16個のIPアドレスを取得した構成を示している。図中の "/28" はサブネットマスクが28ビットであることを示す。内部ネットワークの14台までのコンピュータが広域IPアドレスを使用することができる。IPアドレス xx.yy.zz.16 はサブネットワー

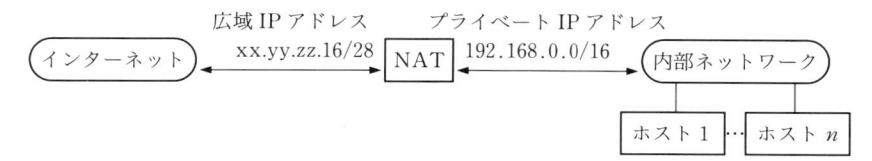

図9.6 プライベートIPアドレスと広域IPアドレスの変換

9.3 プライベートIPアドレスとNAT技術

ク全体を示すのでホストに割り当てることはできない。同様に，アドレス xx.yy.zz.31 は内部ネットワークに対する放送アドレスを示すのでホストに割り当てることはできない。

このようなアドレス変換を行うことにより，内部ネットワークからインターネットへのアクセスが可能となる。IPアドレスを変換すれば，そのネットワークに割り当てられた広域IPアドレスの個数（正確には -2）まで同時にアクセスできる。

広域IPアドレスを使用できるコンピュータの数が割り当てられた広域IPアドレス数では十分でないこともある。その場合，TCP/UDPのポート番号を識別子として加えると，同時にアクセスできるコンピュータの数を増やすことが可能となる。この技術はIPマスカレードと呼ばれる。あるいは，NAPT (network address port translation) と呼ばれることもある。

NAT技術を用いると，内部ネットワークのホストに対する外部からの接続要求は存在しない。なぜなら，外部からは広域IPアドレスを用いる必要があり，その広域IPアドレスをNATがどのプライベートIPアドレスに変換するかはわからないからである。ネットワークセキュリティを高めるうえで有効である。9.4節のプロキシ技術と組み合わせることもできる。

プライベートIPアドレスからのパケットに対するICMPの扱いには注意を要する。ICMPには送信元のIPアドレスは含まれるが，送信元のポート番号が含まれるとは限らない。IPマスカレードを行ったとき，インターネットからICMPを受け取っても，どの内部ホストに対するものか判断できないことがある。

DHCP，プライベートアドレス，CIDR (2.3.2項) を用いるとIPアドレスの枯渇の問題を緩和できる。IPアドレスの枯渇を本質的に解決するためにはIPアドレスを128ビットに拡張するIPv6と呼ばれる技術が必要となる。

9.4 プロキシサーバ

インターネット上を流れるトラフィックのうち多くが HTTP といわれている。内部ネットワークからのアクセスも HTTP が多いと考えられる。**図 9.7** で示されるように，内部ネットワークとインターネットの接点に中継用のプロキシサーバを設置することが考えられる。

```
┌──────────┐     ┌──────────┐     ┌──────────┐
│インターネット│◄───►│プロキシサーバ│◄───►│内部ネットワーク│
└──────────┘     │(HTTP,...)│     └──────────┘
                 └──────────┘       │ホスト1│…│ホストn│
```

図 9.7 プロキシサーバ（HTTP）の例

内部ネットワークからの HTTP 接続をプロキシサーバが中継する。外部ネットワークに対しては，プロキシサーバの IP アドレスを用いて TCP 接続を行う。プロキシサーバのローカルコピーが使えるので，外部ネットワークに対するトラフィックが減少し内部ネットワークの利用者の応答が向上する。

プロキシサーバはアプリケーションごとに用意する必要がある。中規模以上の内部ネットワークを持つ場合には有効である。HTTP プロキシサーバはキャッシュサーバと呼ばれることもある。

プロキシサーバはネットワークセキュリティを高めるために使用することもできる。例えば，ポート 80 を用いた TCP 接続では html, htm, gif など以外のファイル（パスワードファイルなど）の転送を禁止する構成も可能である。

―――――――――――― 演 習 問 題 ――――――――――――

〔1〕 Windows における hosts ファイルを調査せよ。
〔2〕 使用中のパーソナルコンピュータにおいて DNS サーバの IP アドレスが設定されていることを確かめよ。

〔3〕 ルート DNS サーバの設定を調査せよ．
〔4〕 ホスト名 www.xxx-u.ac.jp の IP アドレスを問い合わせる UDP データグラムを示せ．発信元のポート番号は 1054 とする．
〔5〕 図 9.3 のパケットトレースにおいて，オーソリティ情報および追加情報 (IP アドレス＝# GGHH IIJJ 以下) の内容を解析せよ．
〔6〕 Windows において DHCP クライアントの設定方法を示せ．
〔7〕 インターネット内のルータがプライベート IP アドレスを持つパケットを受け取ったとき，どのように処理すべきか説明せよ．
〔8〕 図 9.6 で示されるネットワーク接続において，NAT は FTP の PORT コマンドおよび PASV コマンドを注意して扱う必要がある．どのように扱えばよいか説明せよ．
〔9〕 DHCP やプライベートアドレスが広域 IP アドレスの枯渇を緩和する理由を説明せよ．
〔10〕 プロキシサーバの利点と欠点を説明せよ．また，プロキシサーバの設定法とプロキシサーバを経由しないアクセス法を説明せよ．

10 ネットワークセキュリティ技術

　インターネットによって世界中のコンピュータと通信できるようになった。しかし言い換えると，不特定多数からの不正アクセスを受ける可能性が生じることになった。自分自身あるいは組織の安全はみずから守らなければならない。

　仮に悪意のある者がシステムに侵入した場合，利用者になりすまして電子メールを発送したり，利用者のファイルを改ざんするといった被害だけでなく，他のシステムへの攻撃の足場を与えることになってしまう。つまり，被害者であると同時に加害者になってしまう。このような状況を防止する技術がネットワークセキュリティ技術である。言い換えるとシステムの弱点（セキュリティホール）をなくすための技術である。

　個々の利用者が注意すべきセキュリティの第一歩はパスワードである。不正な利用者にパスワードを知られると，上述したような害を被ることになる。

　インターネット接続において，外部からの攻撃に対し内部ネットワークを守る技術として防火壁（ファイアウォール）が用いられる。防火壁のうち，パケットフィルタリング（ネットワーク層）とアプリケーションゲートウェイ（アプリケーション層）について説明する。

　また，有害なプログラムの一種にウイルスと呼ばれるプログラムが存在する。ウイルスの仕組みと対策について述べる。

　ネットワークセキュリティ技術に関連するWWWサイトには，被害の実態とその対策などが示されている。暗号については扱わないので市販の参考書などを参照されたい。

10.1 パスワード

10.1.1 パスワードの選択

それぞれの利用者が正規の利用者であるかどうかを判断するためにパスワードが用いられる。利用者本人だけがそのパスワードを用いてシステムを利用することができる。しかし，パスワードを不正に入手することによって，システムに侵入する例が数多く報告されている。パスワードの保護には十分な注意が必要である。少なからぬ利用者がパスワードの重要性にむとんちゃくのようである。パスワードを容易に推測されないためには以下の規則を適用すべきである。

- 辞書に掲載されている単語をパスワードとしてはならない
- 本人や親しい人の名前，生年月日などとの組合せは避ける
- 8文字以上とする
- 中間に数字あるいは区切り記号を含む

パスワードは定期的に変更することが望ましい。

システム管理者を装ったパスワードの問合せ，あるいはパスワードの変更を求める連絡には十分注意する必要がある。特に，これらの要求が電子メールで送られた場合には，至急システム管理者に連絡しなければならない。

10.1.2 一方向関数

ある関数を以下のように表す。

$$y = f(x)$$

変数値 x から関数値 y を計算することが容易，かつ関数値 y から変数値 x を計算することが困難なとき関数 $f(x)$ は一方向関数と呼ばれる。一方向関数の例として素因数分解や離散対数と呼ばれる問題があげられる。暗号は一方向関数の性質を利用していることが多い。

パスワードファイルにはパスワード x ではなく，関数値 $y = f(x)$ が記憶さ

れる。パスワード x が入力されたとき $f(x)$ を計算し，その計算値が y と一致するかどうか調べる。パスワードファイルを入手してもただちにパスワードがわかるわけではない。しかし時間をかけてパスワードを解析することができるので，パスワードファイルの漏えいはきわめて危険である。

関数 $f()$ がわかっているとき，全検索によるパスワード解析を試みることができる。例えば，アルファベット 26 文字を用いた長さ 5 のパスワードは 26^5（約 1.2×10^7）通り存在する。一つのパスワードに対する関数 $f()$ の計算に $100\,\mu\mathrm{s}$（100 MHz のコンピュータで 10 000 サイクル）必要とすると，約 1.2×10^3 秒（20 分）で全検索が実行される。アルファベット 26 文字に数字および区切り記号 24 文字を加えたとき，長さ 5 のパスワードは 50^5（約 3.1×10^8）通り存在する。一つのパスワードに対する計算に $100\,\mu\mathrm{s}$ 必要とすると約 3.1×10^4 秒（8.6 時間）で全検索される。パスワード長を長くすれば全検索に必要な時間は長くなる。

パスワード情報へのアクセス権限を管理者だけに限定することもできる。パスワードファイルには特殊な記号 "x" を記入する。これはパスワード情報がシャドウパスワードファイルに格納してあることを示す。シャドウパスワードファイルにパスワード情報を格納し，管理者だけがアクセスできるように設定する。管理者のパスワードが漏えいした場合はきわめて危険である。

10.1.3　APOP コマンド

電子メールを読み出す POP3 には，7.2 節で述べように，利用者名とパスワードが ASCII コードとして転送されるという問題がある。これに対し APOP コマンドを用いるとパスワードが暗号化されて転送されるので，ネットワークセキュリティを高めることができる。APOP コマンドは POP3 で定義されているコマンドの一つである（表 7.3）。

図 10.1 を用いて APOP コマンドを用いた利用者認証の手順を示す。前もってパスワード "tanstaaf" を交換しておく必要がある。例えば，サーバの端末から利用者が直接パスワードを入力する。クライアントから TCP 接続要求が

```
            クライアント              サーバ
         (パスワード tanstaaf)    (パスワード tanstaaf)
              TCP 接続要求
                            ───────▶ プロセス ID.時間 (1896.697170952)
         f(1896.697170952, tanstaaf) ◀───
                            ───────▶ 一致比較
                                     f(1896.697170952, tanstaaf)
```

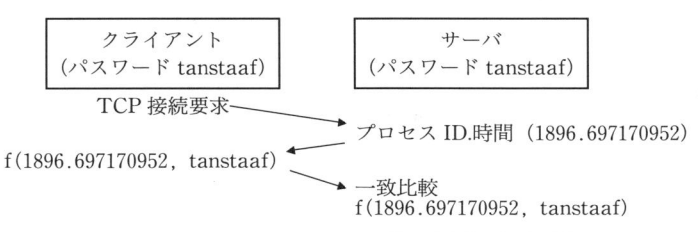

図 10.1 APOP コマンドを用いた利用者認証手順の例

あったとき，サーバはつぎのような応答を返す．

　　+OK POP3 server ready＜1896.697170952@dbc.mtview.ca.us＞

"1896" はプロセス識別子であり，"697170952" は時間である．サーバはこのプロセス識別子，時間，パスワード "tanstaaf" に対し，関数 $f()$ を用いて以下のダイジェストを計算しておく．

　　f(1896.697170952, tanstaaf)＝c4c9334bac560ecc979e58001b3e22fb

サーバからの応答を受け取ったクライアントは，プロセス識別子，時間，パスワード "tanstaaf" に対し，同じ関数 $f()$ を用いてダイジェストを得る．関数 $f()$ は共通である．クライアントは以下のようにダイジェストを送信し，利用者 mrose の認証を要求する．

　　APOP mrose c4c9334bac560ecc979e58001b3e22fb

サーバは受信したダイジェストが計算しておいたダイジェストと一致するかどうか調べる．一致したとき，認証に成功したと見なし引き続きクライアントからの処理を行う．仮に "mrose c4c9334bac560ecc979e58001b3e22fb" が盗聴されても，プロセス識別子と時間は毎回異なるため第 3 者がパスワード "tanstaaf" を得ることは容易でない．これによってネットワークセキュリティの向上を図ることができる．

10.2　不正アクセスの防止

10.2.1　防火壁（ファイアウォール）

組織のネットワークを守る有効な方法はインターネットとの接点に防火壁

(ファイアウォール)を設けることである。**図10.2**に，防火壁を設置したインターネット接続を示す。防火壁は通過するパケットを監視する。防火壁を実現するホストは要塞ホストと呼ばれる。複数の要塞ホストを用いて一つの防火壁を構成することも可能である。

```
┌─────────────┐     ┌──────────┐     ┌─────────────┐
│ インターネット │─────│   防火壁   │─────│ 内部ネットワーク │
└─────────────┘     │(要塞ホスト)│     └─────────────┘
                    └──────────┘
```

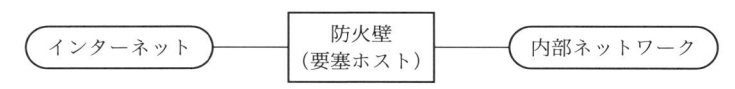

図10.2 防火壁(ファイアウォール)の設置

 防火壁は外部の攻撃から内部ネットワークを守ると同時に，内部からの不要なアクセスを制限することもできる。防火壁として，パケットフィルタリングやアプリケーションゲートウェイと呼ばれる技術が用いられる。

 図に示される構成を用いると，インターネットと内部ネットワーク間のアクセスは防火壁の分だけアクセス速度が遅くなってしまう。外部に対して快適な情報発信を行うために，**図10.3**に示すようなバリアセグメントを用いた構成とすることもできる。ここでは，バリアセグメントとはアクセス制限がまったくないネットワークを意味するものとする。図ではWWWサーバとFTPサーバは防火壁の外側に設置されている。外部からはWWWサーバおよびFTPサーバに制限なくアクセスできる。これらのサーバはWWW機能とFTP機能のみを提供し，SMTPやTelnetなどの機能を禁止しておかなければならない。踏み台として利用されないためである。内部ネットワークではプライベートIPアドレス(9.3節)を用い，防火壁でアドレス変換することも有効である。

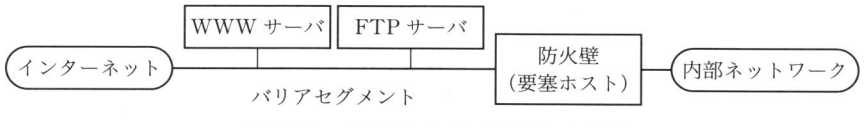

図10.3 バリアセグメントを用いた構成

10.2.2 パケットフィルタリングとアプリケーションゲートウェイ

防火壁を通過するパケットの監視は，その監視レベルによっていくつかに分類することができる．図 10.4 に示すように，代表例はパケットフィルタリングとアプリケーションゲートウェイである．

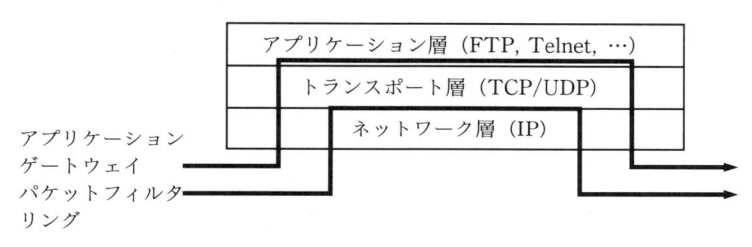

```
                    ┌─────────────────────────────────────┐
                    │  アプリケーション層（FTP, Telnet, …）│
                    ├─────────────────────────────────────┤
                    │  トランスポート層（TCP/UDP）         │
                    ├─────────────────────────────────────┤
                    │  ネットワーク層（IP）                │
アプリケーション    │                                     │
ゲートウェイ ───────┘                                     └────→
パケットフィルタ────────────────────────────────────────────────→
リング
```

図 10.4　パケットフィルタリングとアプリケーションゲートウェイ

パケットフィルタリングでは IP ヘッダや TCP/UDP ヘッダの情報を用いてパケットを選別する．この技術はスクリーニングと呼ばれることもある．この機能を持つホストはスクリーニングルータと呼ばれる．

パケットフィルタリングを用いると，図 10.5 に示されるように，IP ヘッダの情報（IP アドレス）および TCP/UDP ヘッダの情報（ポート番号）を用いてパケットを監視することができる．例えば，特定の IP アドレスへのパケットを送信しないこともできる．外部からの特定プロトコル（例えば Telnet, TFTP）を通さないこともできる．また，業務に関係がないと思われる WWW サイト（IP アドレス）へのアクセスを通さないようにできる．あるいは特定の IP アドレスからだけ Telnet を許可することもできる．

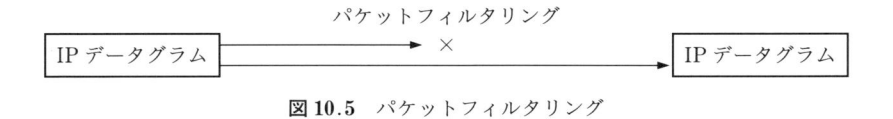

```
                        パケットフィルタリング
┌──────────────┐              ×                ┌──────────────┐
│ IP データグラム│─────────────→                │ IP データグラム│
└──────────────┘                                └──────────────┘
```

図 10.5　パケットフィルタリング

パケットフィルタリングはそれぞれのパケットを監視しているが，接続の履歴を保存しているわけではない．これに対し，アプリケーション層の情報を用いて接続の管理を行う手法はアプリケーションゲートウェイと呼ばれる．アプ

リケーションゲートウェイでは手順や内容も検査する．例えば，HTTPを用いてパスワードファイルを転送するようなパケットは通さない．アプリケーション層の情報を用いればこのようなアクセスを防止できる．

アプリケーションゲートウェイと非武装地帯（DMZ：demilitarized zone）を用いた防火壁の構成例を図10.6に示す．インターネットからのアクセスはいったん要塞ホストが受け取る．ポート番号を調べてWWW, FTP, DNSサービスを要求するパケットは非武装地帯へ転送する．パケットの内容をチェックして適正なものであれば内部ネットワークへ取り次ぐ．同様に，内部ネットワークからインターネットへのアクセスもいったん要塞ホストが受け取る．内容をチェックして適正であればこれを取り次ぐ．インターネットの転送を代行する機能はプロキシと呼ばれ，この場合の要塞ホストはプロキシの一種である．

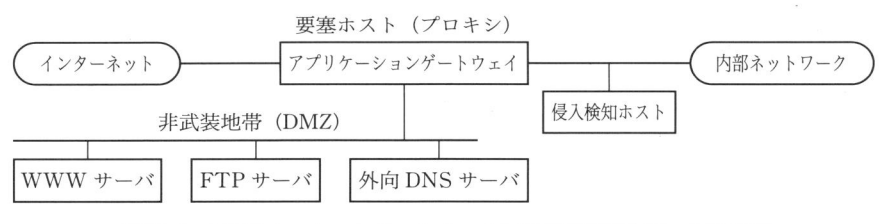

図10.6 アプリケーションゲートウェイと非武装地帯を用いた構成例

図では要塞ホストと内部ネットワーク間には侵入検知ホストを設置している．アプリケーション層のレベルでは適正であっても，通常の使い方では生じないようなトラフィックの監視を行う．例えば，IPアドレスやポート番号をつぎつぎに変えてセキュリティホールを探すようなトラフィックを検知できる．

アプリケーションゲートウェイはそれぞれのアプリケーションごとに設置する必要がある．例えば，HTTPプロキシ，Telnetプロキシなどである．プロキシを通過する分だけアクセスは遅くなる．

一例としてTelnetプロキシを考える．インターネットから内部ネットワークにTelnet接続をするとき，要塞ホストがTelnetサーバのプロキシ（代理）

を実行する。インターネットからいったん要塞ホストに対し Telnet 接続を行う。さらに Telnet プロキシは内部ネットワークの Telnet サーバに対しクライアントとして Telnet 接続を行う。このような手順を用いてインターネットからの Telnet 接続を中継する。

このような構成にすることによりつぎのような対策が可能となる。例えば，login の失敗回数によってその後の Telnet 接続を拒否する。あるいは一定時間 Telnet のパケット転送がなかったとき，その Telnet 接続をキャンセルする。Telnet 接続では特権モードに入ることを拒否するなどである。

より堅牢なファイアウォールを構成するために，複数の要塞ホストや複数の非武装地帯を設けることも可能である。その組織が必要とするネットワークセキュリティのレベル，コストに応じて設計される。

10.2.3 PASV コマンド

FTP における PASV（passive）コマンドについて説明する。PASV コマンドはクライアントシステムの安全性を向上させる一つの方法である。FTP ではサーバのポート 21 を通してコマンドの受渡しを行い，サーバのポート 20 を通してデータ転送を行う。

FTP において，まずクライアントが FTP サーバのポート 21 に対して TCP 接続を行う。続いてこの TCP 接続と組になる TCP 接続（FTP サーバのポート 20）を確立しなければならない。クライアントのポート番号は実行時までわからない。なんらかの方法でクライアントのポート番号を知らせる必要がある。このためのコマンドが PORT と PASV である。

PORT コマンドではクライアントからサーバに対して IP アドレスとポート番号を知らせる。サーバはクライアントに対し，受け取ったポート番号を用いて TCP 接続の確立を行う。すなわち，クライアントシステムから見ると，外部から TCP 接続要求（発信元のポート番号 20）が生じることになる。このことは外部からの不正な TCP 接続を許す要因となりうる。

外部からの接続要求を認めることはネットワークセキュリティの面から望ま

しくない。そこで，PASV コマンドを用いる方法が提供されている。クライアントは PASV コマンドを用いて，サーバが受動モードになることを要求する。サーバは IP アドレスに加え 2 個の数値 a, b を転送する。クライアントは数値 a, b からポート番号

$$a \times 256 + b$$

を計算する。このポート番号に対してクライアントから接続要求を行う。すなわち，外部（FTP サーバ）からの接続要求を用いなくても，データ転送のためのポート番号を交換することができる。

PASV コマンドの使用例を**図 10.7** に示す。図 7.6 の一部を再掲したものである。クライアントからサーバのポート 21 に対して PASV コマンドを送り，ポート番号の通知を要求する（C13）。続いてサーバから IP アドレス（SS, SS, SS, SS）と 2 個の数値 233，121 が送られる（S14）。クライアントはポート番号として 59769（233×256+121）を計算し，TCP 接続を確立する（C15, S16, C17）。

```
C13: TCP PSH ACK   [1068] -> [21]
     PASV..
S14: TCP PSH ACK,  [21] -> [1068] 227 Entering Passive Mode (SS,SS,SS,SS,233,121)

C15: TCP SYN,      [1069] -> [59769]
S16: TCP SYN ACK,  [59769] -> [1069]
C17: TCP ACK,      [1069] -> [59769]
```

図 10.7 PASV コマンドの使用例

10.3　コンピュータウイルス

10.3.1　コンピュータウイルスの仕組み

コンピュータウイルス（以下ウイルス）はプログラムの一種である。いったん感染すると除去は容易ではない。特定の日付にメッセージを表示するだけのプログラムもあれば，ディスクの内容を破壊する悪質なプログラムも存在する。

10.3 コンピュータウイルス

ウイルスにはさまざまな仕組みが存在する。ここでは代表的な例を2種類あげて説明する。

（1） 実行ファイルに付着するウイルス　既存の実行ファイル（応用プログラムやユーティリティ）にウイルスを付着させることができる。この例を**図10.8**に示す。プログラム中の一つの命令を分岐命令に書き換えることによってウイルスを潜伏させる。この段階で感染を発見したならばウイルスを駆除できる。ウイルスの感染を知らずに利用者がこのプログラムを実行すると，分岐命令によってウイルスプログラムが実行される。メッセージを発生するようなプログラム，ディスク破壊のプログラムなどを実行してしまうことになる。

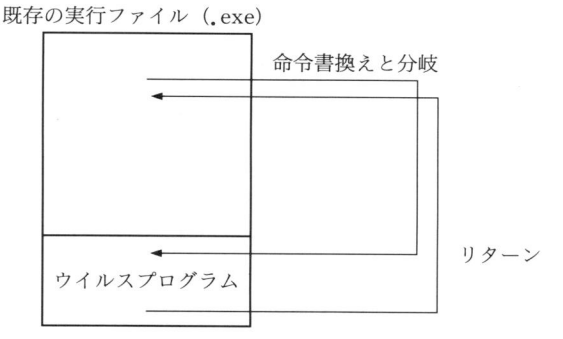

図10.8 実行ファイル（応用プログラム）に付着するウイルス

感染の経路としてつぎのような事例が知られている。一見有用なプログラムの中に有害なプログラムを仕込んでおく。例えば，新しいゲームプログラムと称して配布する。利用者がゲームを楽しんでいる最中にファイルに書込みをしたり，実行型プログラムをメモリに残したりする。すなわち，ウイルスが侵入する。ときには，バージョンアップと称することもある。特に，作者がはっきりしないフリーのソフトウェアには注意を要する。

（2） マクロ型ウイルス　ワープロソフトウェアや表計算ソフトウェアにはマクロ機能が装備されている。マクロ機能は，本来，利用者の定型的な一連の操作を一つの簡単な操作に置き換える有用な機能である。マクロはBASIC

で記述されるプログラムなので複雑な処理が可能であり，機種に依存しないプログラムを作成できる。電子メールに添付されたファイルを展開するとマクロもコピーして配布することができる。

しかし，これを悪用すると機種に依存しないウイルスが広まってしまう（図10.9）。マクロウイルスを防止する確実な方法は疑わしい添付ファイルを展開しないことである。

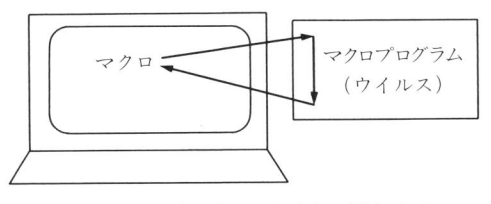

図10.9　マクロプログラムとそれに潜むウイルス

10.3.2　コンピュータウイルス対策

ウイルスの検査は，初期にはパターン照合によって行われていた。すなわち，ウイルスプログラムの命令列を記憶しておき，パターンの一致を調べることによってウイルスの混入を検査していた。あるいはプログラムを0と1の系列と見なしてなんらかのダイジェストを作成し，プログラムの書換えの検査を行っていた。

しかしながら，多変形（ポリモーフィック）型と呼ばれるウイルスは自分自身を書き換えることによって，同一機能でありながら多くのプログラムパターンを生成する。このためパターン照合法では検査できなくなった。そこで，近年のウイルス検査においては，プログラムを途中まで実行させ，通常のプログラムでは生じないようなアクセス（ブートセクタへの書込み，プログラム自身の書換えなど）を検出する方法が用いられている。ウイルス作成者と検査プログラムのいたちごっことなっている。

ウイルスに対処するためには，感染する前の予防が効果的である。ウイルスはソフトウェアであり，実行型ファイルに付着するウイルスは実行以前に除去

すれば問題なく，マクロウイルスは添付ファイルを展開しなければ感染しない。

ウイルス予防のソフトウェアを使用することも有効である。また，新種のウイルスについては電子ニュースなどで報道されるので，報道に注意することも有効である。見知らぬ人からの電子メールには注意をすべきである。特に，ワープロや表計算ソフトウェアのファイルが添付されているときは要注意である。見知らぬ人からのアンケート調査にも注意を要する。

演習問題

〔1〕 セキュリティに関連するWWWをアクセスし，システムへの不正侵入やウイルスについて調査せよ。

〔2〕 身近にある一方向関数の例をあげよ。

〔3〕 パスワード長5，6，7，8文字，文字数26，50に対して，全検索によるパスワード解析の時間を求めよ。一つのパスワードに対する解析時間は $100\,\mu s$ とする。

〔4〕 業務に不要と思われるWWWサイトへのアクセスを禁止する方法を示せ。

〔5〕 TFTPはUDPを用いたファイル転送プロトコルである。このプロトコルは制限されることが多い。その理由を説明せよ。

〔6〕 FINGERは利用者に関する情報を提供するプロトコルである。このプロトコルは制限されることが多い。その理由を説明せよ。

〔7〕 市販のファイアウォール，侵入検知システムについて調査せよ。

〔8〕 情報セキュリティ会社などからウイルス情報が提供されている。これについて調査せよ。

〔9〕 ワープロソフトウェアにおいて，文書中の"ユーザ"を"利用者"に変換するマクロを作成せよ。

〔10〕 スパムメールとはどのような電子メールか調査せよ。また，スパムメールの発信に使用されないような防止策を示せ。

11 フォールトトレランス技術

　インターネットが社会的基盤となるにつれ，故障や障害に対する対策すなわちフォールトトレランス技術はきわめて重要な技術となっている。コンピュータネットワークにおいて，フォールトトレランス技術はその初期から高い関心が持たれていた。ARPANETのパケット中継用コンピュータとして，1970年代にPluribusが開発された。これは最初のフォールトトレラントコンピュータであった。Pluribusは複数のモジュールを相互に接続するという構成であった。

　ここで，故障（フォールト）とはハードウェアの断線や短絡，ソフトウェアのバグ，あるいは利用者の誤操作などをいう。故障によって引き起こされる現象を誤り（エラー）と呼ぶ。障害とはシステムがサービスを提供できない状態であることをいう。例えば，パケット再送はエラーの一種であり，頻発するとシステムの障害となる。

　インターネットでは高い稼働率が求められる。すなわち，システムが非稼動となる確率が低く，かつ非稼動となった場合でも早急な回復が求められる。短時間あるいは予告したサービス停止は許容されることもある。

　このような要求を満たすために，さまざまなフォールトトレランス技術が用いられている。ここでは，サーバ系で用いられている冗長技術ならびにネットワークシステムの特徴を生かした冗長技術について説明する。さらに，チェックサムの計算方法ならびにWindowsで用いることのできるネットワーク解析用コマンド，LANアナライザ，ネットワーク機器性能測定装置について説明する。

11.1 サーバ系におけるフォールトトレランス技術

11.1.1 多重化システム

フォールトトレランス技術の一つの有効な手法は多重化である。多重化システムとして待機型システムあるいは並列型システムが用いられる。**図11.1**に待機型システムと並列型システムの構成を示す。

(a) 待機型システム　　　　(b) 並列型システム

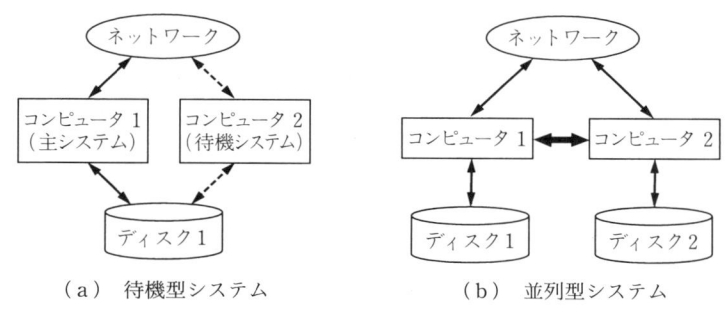

図11.1 待機型システムと並列型システムの構成

待機型システムでは主システムと待機システムを用意し，主システムに障害が生じたとき待機システムに切り替える。並列型システムでは複数モジュールの動作を相互にあるいは多数決によってチェックする。1980年代までのフォールトトレラントコンピュータは待機型システムが多かった。1990年代になって並列型のフォールトトレラントシステムが多くなってきた。より多くのコンピュータを相互に接続するクラスタ型も普及することが期待される。

1990年代に開発されたフォールトトレラントコンピュータの例として，富士通のSURE2000/3000，タンデム社のIntegrity，日立の3500FT，日本電気のFT600/1200があげられる。これらのコンピュータはRISCプロセッサから成るモジュールを多重化し，ソフトウェアとしてUNIX系を採用している。SUREシステムではソフトウェアの二重化もなされている。

ソフトウェアの二重化は以下のように実現されている。同一ソフトウェアを

異なるプロセッサモジュールに実装し，一方を主，もう一方をバックアップとする。同一ソフトウェアであっても入出力装置とのタイミングなどにより，プロセッサモジュール内のメモリデータは同一とはならない。これによって一方のソフトウェアに障害が生じても，もう一方で引き続いて実行できる。

システムのフォールトトレランスを高めるためには，サーバの多重化だけでなく，予備の部品類（LAN 基板，ケーブル，コネクタ類）を常備しておくことが望ましい。電気設備の法定点検も義務付けられている。

11.1.2　ディスク装置のフォールトトレランス

ディスクシステムの障害には多くの利用者が悩まされている。これに対処するために，定期的なバックアップあるいはディスクシステムを冗長構成にするといった手段が用いられている。バックアップはデータの重要性とコストとの兼合いから，毎時/毎日/毎週/毎月実行される。

ディスクシステムを冗長に構成する方式として RAID（redundant array of inexpensive disks）が知られている。冗長のレベルによっていくつかの構成に分類される。RAID の分類を図 11.2 に示す。RAID-2 および RAID-4 は定義されているがほとんど使用されていないので省略した。

RAID-0 はデータストライピングと呼ばれる。1 個のファイルを k 台のディスクに分散して記憶する。冗長性はない。RAID-1 はミラーディスクと呼ばれる。同一のデータを 2 台のディスクに記憶する。制御は比較的単純であるが，2 倍のハードウェアが必要である。RAID-3 では k 台のディスクに対して 1 台の冗長ディスクが用意される。冗長ディスクにはパリティを格納する。データ書込み時にパリティ再計算のための読出しが必要なこと，およびパリティディスクへのアクセスが集中するという問題がある。RAID-5 ではパリティディスクを固定することなく，1 個のパリティを $(k+1)$ 台のディスクに分散させる。アクセスの集中を避けることができる。RAID-6 では冗長ディスクを 2 台用意して，2 個のパリティを $(k+2)$ 台のディスクに分散させている。レベル 6 よりも大きい数字の RAID は製造者独自の方式である。

レベル	内容
RAID-0 データ ストライピング	1個のファイルが一定のサイズに分けられ，異なるディスクへ格納される。冗長性はない d_0　d_1　$\cdots$　d_{k-1}
RAID-1 ミラーディスク	同一のファイルが2台のディスクに書き込まれる。2倍のハードウェアが必要である d　d
RAID-3 並列 ディスクアレイ	k 個のデータに対して1台の冗長ディスク d_p を設け，パリティを格納する d_0　d_1　$\cdots$　d_{k-1}　d_p
RAID-5 独立 ディスクアレイ	k 個のデータに対して1個のパリティを格納する。パリティを格納するディスクは固定しない
DAID-6 独立 ディスクアレイ	k 個のデータに対して2個のパリティを格納する。パリティを格納するディスクは固定しない

図 11.2　RAID の分類

RAID を実現するために，図 11.3 で示されるように，RAID コントローラを用いることが多くなっている。図において，コンピュータと RAID コントローラは SCSI（small computer system interface）で接続されることもある。コンピュータは RAID であることを認識する必要がない。RAID コントローラは RAID 機能を実現するようディスク装置を制御する。

図 11.3　RAID コントローラを用いた構成

11.1.3 自然災害に対するフォールトトレランス

落雷による被害は物理的破壊を伴うことが多く，長時間の稼動停止となることも少なくない。例えば，構内に敷設したイーサネットケーブル，あるいは光ケーブルの外皮金属に落雷した例が報告されている。十分な接地対策を立てておくことが望ましい。雷鳴時には停電などが予想されるのでコンピュータ作業を中止することが望ましい。

落雷などによる瞬断あるいは停電に対しては無停電電源装置（UPS：uninterruptible power supply）が有効である。UPSには常時商用給電方式（リレー方式）と常時インバータ給電方式がある。リレー方式のUPSは低価格であるが，電源を切り替えるために数ミリ秒程度の瞬断が生じる。システムはリブートされることがある。ディスクが物理的に破壊されることは防ぐことができる。インバータ方式のUPSはつねに交流→直流（蓄電機能）→交流の変換を行っている。このため瞬断を生じないが，エネルギーの有効利用とはいえず，高価格である。

コンピュータやネットワークの稼動/停止が組織の命運を左右することもある。地震，台風といった大規模な自然災害に対しては，地理的に離れた場所に代替のサーバ類一式を準備しておくことも有効である。

11.2 ネットワークのフォールトトレランス設計

11.2.1 DNSサーバの多重化

DNSはホスト名からIPアドレス（またはその逆）へ変換するシステムである（9.1節）。もしDNSサーバに障害が発生すると，そのDNSサーバを利用しているホストから，あるいはそのDNSサーバへ問合せをしなければならないドメインへの接続はまったく不可能となる。そこで，DNSサーバは多重化されることが普通である。主となるDNSサーバはプライマリDNSサーバ，従となるDNSサーバはセカンダリDNSサーバと呼ばれる。ルートDNSサーバは世界で10台以上が稼動している。

11.2.2 DNS を用いた複数サーバの制御

WWW サーバなどは DNS を利用して多重化することができる。負荷分散とフォールトトレランスのためである。図 11.4 に構成例を示す。2 台の WWW サーバが提供されているとする。DNS サーバは最初の DNS 問合せに対して WWW サーバ 1 の IP アドレスを返す。つぎの DNS 問合せに対しては WWW サーバ 2 の IP アドレスを返す。このように制御することによって WWW サーバの負荷が分散される。また，どちらか一方に障害が生じたときでも，DNS サーバは障害のない WWW サーバの IP アドレスを回答することができる。一方のサーバに負荷がかかるもののサービスの中断は避けられる。

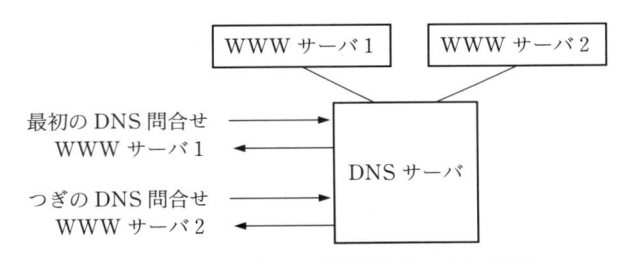

図 11.4　DNS を用いた WWW サーバの二重化

11.2.3 マルチホーム接続による経路の 2 重化

大学や企業などの LAN はその組織のゲートウェイを通してインターネットに接続される。このゲートウェイあるいは回線に障害が生じると，内部ネットワークとインターネットの接続が遮断されてしまう。これを避けるために外部との接続を複数設けること（マルチホーム）が考えられる。図 11.5 にマルチ

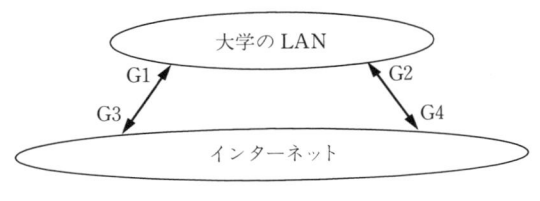

図 11.5　マルチホーム接続

ホーム接続の例を示す。G1 と G2 は大学のゲートウェイを表す。G3 と G4 はインターネット接続業者（ISP）のゲートウェイである。

マルチホーム接続の運用は必ずしも容易ではない。大学から出て行くパケットを G1 あるいは G2 に振り分けることは困難ではない。しかし，インターネットからのパケットをどちらのゲートウェイを通して受け取るかは大学では決められない。G1〜G3 間を接続する ISP と G2〜G4 間を接続する ISP が異なるとき両者に十分話し合ってもらう必要がある。さらに，例えば G1 に障害が生じたとき，インターネットからのパケットが G4 経由となるよう経路制御することは容易ではない。

同一の ISP に対して 2 重の接続を有することは，その ISP のシステム障害に対するフォールトトレランスになるとは限らない。さらに，一般には 1 本の回線で 2 倍の容量のほうがコスト面から有利である。

11.3　1 の補数表現とチェックサム

IP ヘッダおよび TCP/UDP ヘッダではチェックサム計算が行われる。チェックサム計算では 1 の補数表現が用いられる。1 の補数表現は負の整数を 2 進数として表現する方式の一つである。1 の補数表現では，最上位ビットが 0 の

表 11.1　整数の 1 の補数表現（8 ビット）

1 の補数表現	整数値
0111 1111	127
0111 1110	126
...	...
0000 0010	2
0000 0001	1
0000 0000	+0
1111 1111	−0
1111 1110	−1
1111 1101	−2
...	...
1000 0000	−127

```
    0000 1010
 +  1111 1110
  ───────────
  1 0000 1000
 +         1
  ───────────
    0000 1001
```

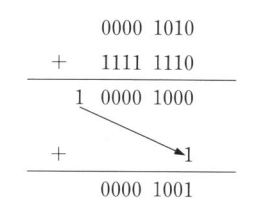

図 11.6　1 の補数表現による加算の例（10 + (−1) = 9）

11.3 1の補数表現とチェックサム

とき0または正整数を表す。また，最上位ビットが1のとき0または負の整数を表す。ビットごとの反転は符号の反転と一致する。オール0とオール1のパターンはともに0を表す。8ビットの1の補数表現を**表11.1**に示す。

1の補数表現による加算について説明する。加算を行って最上位ビットからけた上げがあったとき，最下位ビットに1を加えなければならない。**図11.6**に1の補数表現による加算の例を示す。

減算はつぎのように実行できる。引く値をビットごとに反転させると符号が反転した整数が得られる。その後上記の加算を行う。

IPヘッダを例にとって，チェックサム計算を説明する。オプション指定がないときIPヘッダの長さは20バイトである。これは10個の16ビット整数（1の補数表現）と見なすことができる。10個の16ビット整数を a_0, a_1, … a_8, a_9 と表すことにする。このとき a_5 がヘッダチェックサムである。始点ホストでは1の補数表現に基づき

$$-a_0-a_1-a_2-a_3-a_4-a_6-a_7-a_8-a_9=a_5$$

を計算する。計算された値を a_5 に挿入してIPデータグラムを送出する。次式が成立する。

$$a_0+a_1+a_2+a_3+a_4+a_5+a_6+a_7+a_8+a_9=-0$$

受信したIPヘッダを a_0', a_1', … a_8', a_9' と表す。IPデータグラムを受信したホストでは

$$a_0'+a_1'+a_2'+a_3'+a_4'+a_5'+a_6'+a_7'+a_8'+a_9'$$

を計算する。もし，IPヘッダに誤りが混入していなければ，加算の結果は-0（オール1）となる。加算の結果が-0でない場合，誤りが生じたと判定する。このようにして誤りが検出される。

チェックサムは2重以上の誤りを検出できないことがある。例えば，**図11.7**において，第1ワードの最左ビットが $0 \to 1$，第2ワードの最左ビットが $0 \to 1$ に変化したとき，この2重誤りを見逃してしまう。3重以上の誤りを見逃すこともある。

ルータはIPヘッダのTTLフィールドを1減じるため，送出するIPヘッダ

130   11. フォールトトレランス技術

```
    0000 1010              [1]000 1010
  + 1111 1110            + [0]111 1110
  1 0000 1000            1 0000 1000
  （a）元の計算         （b）2ビット誤りを含んだ計算
```

図 11.7 チェックサムにおいて2ビット誤りを見逃す例

のチェックサムに1を加える必要がある。

コンピュータ内部では1の補数表現ではなく，2の補数表現が用いられる。2の補数表現を用いると，最上位ビットからのけた上げに関係なく演算結果が得られる。逆に誤りが混入したときに，演算によってその誤り情報が最上位ビットから失われる。このためチェックサムでは1の補数表現が用いられる。

11.4 ネットワークの解析

11.4.1 ネットワーク解析用コマンドの概要

Windowsにはネットワーク解析に役立つコマンドが標準で装備されている。これらを**表 11.2**に示す。これらのコマンドはコマンドプロンプトからコマンドを入力することによって使用できる。ネットワーク解析用コマンドは，元来UNIXシステム用に開発されたものである。UNIXでは，このほかにさまざまなコマンドやオプションが提供されている。

表 11.2 ネットワーク解析用のコマンドとその概要

コマンド名	概要
arp	arpキャッシュの表示などを行う
netstat	ネットワークの各種統計情報を表示する
ping	ICMPエコーが終点に到達可能かどうか調べる
tracert	終点までの経路を表示する
ipconfig	使用中のホストのIPアドレス，サブネットマスクなどを表示する

- **arp コマンド**　　ARPキャッシュのエントリの表示，更新などを行う。
[-a]：arpキャッシュのIPアドレス，物理アドレスなど
- **netstat コマンド**　　プロトコルの統計情報とTCP/IP接続について調べ

る。

[-a]：接続中の自分のポート番号と接続先のホスト名
[-e]：送信/受信ごとのバイト数，パケット数，エラー数など
[-r]：ルーティング情報
[-s]：プロトコル（IP, ICMP, TCP, UDP）ごとの統計情報
[interval]：再表示までの時間指定

・**ping コマンド**　　終点ホストからのエコー応答があるかどうか調べる。ホスト名またはIPアドレスを指定する。ICMPのエコー要求とエコー応答を利用している。図5.8に示されるパケットトレースも参考とされたい。

[-i TTL]：TTLを指定
[-l size]：データのサイズを指定
[-n count]：エコー要求を送る回数を指定
[-w timeout]：タイムアウトの時間指定

・**tracert コマンド**　　終点ホストまでの経路を調べる。ICMPのエコー要求，エコー応答，およびIPヘッダのTTL（寿命）を利用している。

[-h maximum-hops]：最大ホップ数
[-w timeout]：時間制限をmsで指定する

・**ipconfig コマンド**　　使用しているコンピュータのホスト名，DNSサーバ，物理アドレス，IPアドレス，サブネットマスク，デフォルトルート，DHCPサーバなどを表示する。

tracertコマンドの動作原理を**図11**.8に示す。まず，IPヘッダのTTL（寿命）＝1としてICMPエコー要求パケットを送出する。隣接するルータでTTL＝0となるのでTTL超過を示すICMPパケットが送られてくる。つぎに，TTL＝2のICMPエコー要求パケットを送出する。2番目のルータからTTL超過を示すICMPパケットが送られてくる。終点からはエコー応答を示すICMPパケットが送られてくる。付録Fに示されるパケットトレースも参考とされたい。

このようにして，始点ホストから終点ホストに至る経路を，ネットワーク層

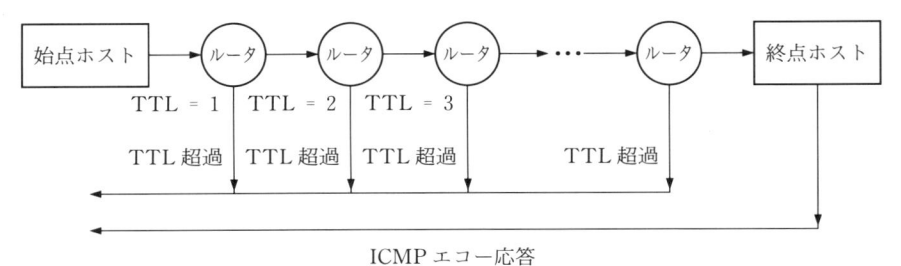

```
始点ホスト → ルータ → ルータ → ルータ → … → ルータ → 終点ホスト
              TTL=1    TTL=2    TTL=3
              TTL超過   TTL超過   TTL超過          TTL超過
                           ICMP エコー応答
```

図 11.8 tracert コマンドの動作

レベルで調べることができる．しかし，IPデータグラムがフレームリレーやATM網で送られているとき，tracertコマンドではフレームリレーやATMの経路までは調べることができない．すなわち，データリンク層の経路まで調べることはできない．

11.4.2　コマンドを用いた障害の解析

pingコマンドに対する応答があれば，終点ホストまでの経路と終点ホストのネットワーク層までが正常に動作していることがわかる．pingコマンドに対して正常に応答し，かつアプリケーションは動作しないとき，ネットワーク層より上位層での障害と考えられる．

pingコマンドに対して応答がないときは，DNS，経路，あるいは終点ホストに障害が生じていると考えられる．

DNSが正常に働いているかどうかは，nslookupコマンドまたは相当のコマンドを実行することで調べることができる．pingコマンドにおいてIPアドレスを指定することによってDNSを調べることもできる．経路に関する障害はtracertコマンドを用いて解析することができる．tracertコマンドによって直前までの経路が確保されているにもかかわらずpingコマンドの応答がない場合，終点ホストの障害と考えられる．

11.4.3　LANアナライザおよびネットワーク機器性能測定装置

ネットワークになんらかの障害が生じた場合，あるいは性能低下が生じた場

合，その原因を調べるためにネットワークを流れるパケットを解析することが有効である．このとき，図 11.9 に示されるように，パケット解析用のソフトウェアをインストールした LAN アナライザが用いられる．さまざまな性能，機能を持つソフトウェアおよびハードウェアが市販されている．

```
ネットワーク
─────────────┬─────────────
             │
             ▼
        ┌─────────────┐
        │ LAN アナライザ │
        └─────────────┘
```

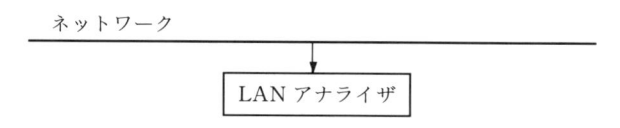

図 11.9　LAN アナライザを用いたネットワークの解析

Windows にはネットワークモニタをインストールすることができ，パケットの解析を行うことができる．UNIX には tcpdump と呼ばれるコマンドがあり，トランスポート層レベルでのトラフィック解析が可能である．

また，ネットワーク機器の性能を測定するための装置も市販されている．一例を図 11.10 に示す．この例ではスイッチングハブが測定の対象となっている．ネットワーク機器性能測定装置からは所定のイーサネットフレームが，所定の間隔で，複数の接続ポートに対して発生される．発生されるイーサネットフレームに対してスイッチングハブの性能が十分に高ければ，すべてのパケットが受信される．しかし，そうでない場合いくつかのイーサネットフレームは破棄されてしまう．受信ポートでは所期のイーサネットフレームが受信された割合や，損失の傾向を調べることができる．

```
┌─────────────┐       ┌─────────┐
│ ネットワーク機器 │ ────→ │ スイッチング │
│ 性能測定装置    │ ←──── │   ハブ    │
└─────────────┘       └─────────┘
```

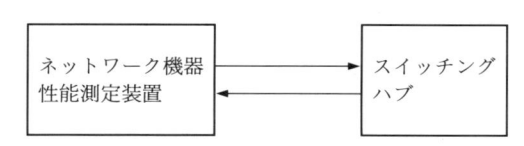

図 11.10　ネットワーク機器の性能測定

───────────── 演 習 問 題 ─────────────

〔1〕身近なシステムにおけるフォールトトレランス技術を調査せよ．また，法定点検における漏電チェックの注意点を述べよ．

〔2〕 Windowsにおいてディスクの保守，管理に有効なツールを調査せよ。
〔3〕 パーソナルコンピュータに常時通電することの利害得失を調査せよ。
〔4〕 WindowsにおいてDNSサーバが複数設定できることを確かめよ。
〔5〕 人気のあるWWWサイトではWWWサーバを複数用意してサービスを提供している。このことを確かめよ。
〔6〕 1の補数表現（8ビット）を用いて－10＋100を計算せよ。
〔7〕 チェックサム方式において，三重誤りを見逃す例を示せ。
〔8〕 以下のIPヘッダのチェックサムを計算せよ。版：4，IPヘッダ長：20バイト，サービスタイプ：指定なし，フラグメント識別子：＃5574，フラグメント：なし，寿命：16，プロトコル：TCP，始点IPアドレス：16.16.1.1，終点IPアドレス：32.32.2.2，IPオプション：なし，TCPオプションなし，データ：8バイト。
〔9〕 コマンド（11.4節）を実行してみよ。例えばTelnet中に，netstat -aを実行してみよ。
〔10〕 LANアナライザおよびネットワーク機器性能測定装置を調査せよ。

12 ネットワークプログラム

ネットワークを介してサービスを要求したりあるいはサービスを提供したりするためには，クライアントとサーバがたがいに協調して動作しなければならない。これを実現するために，適切な手順とインターフェイスが必要である。

コンピュータプログラムと TCP/IP との間を取り持つインターフェイスがソケットである。ソケットインターフェイスとして専用の関数が提供されている。ソケットインターフェイスを用いるプログラムはネットワークプログラムと呼ばれる。

ソケットインターフェイスは，もともと UNIX 用に開発されてきた。パーソナルコンピュータの進展とともに Windows に対してもソケットが提供されるようになった。これが Winsock である。ここでは，Winsock 1.1 の関数のうち基本的なものを用いて，簡単なクライアントプログラムをいくつか示す。これらは TCP/IP の動作ならびにクライアント/サーバシステムの動作を理解する一助となる。

本章のプログラムは，Windows, Winsock 1.1, マイクロソフト社 Visual C++ 6.0 で動作を確認済みである。

12.1 クライアント/サーバモデル

12.1.1 並行処理

クライアント/サーバモデルを図 12.1 に示す。クライアントは処理の呼出しを行うコンピュータであり，サーバはクライアントからの処理を実行するコン

```
         処理の呼出し
クライアント  ⇄  サーバ
         処理の実行と応答
```

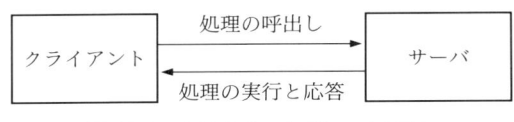

図 12.1 クライアント/サーバモデル

ピュータである。

典型的なクライアント/サーバシステムは WWW ブラウザ（クライアント）と WWW サーバである。ブラウザは WWW サーバに対して TCP/IP を用いて通信路を構築する。その通信路上で HTTP コマンドを用いて処理の要求（表 7.9, GET など）を行う。WWW サーバからの応答は HTML 形式でブラウザに送られる。ブラウザは受信したデータを翻訳して画面に表示する。

クライアント/サーバシステムの別の例は電子メールの読出しである。例えば，Windows マシンは TCP/IP を用いて電子メールサーバとの間に通信路を構築する。その通信路上で POP3 コマンドを用いる。電子メールサーバからの電子メール読出しは POP3 に従い実行される。受信した電子メールの表示方法やホルダーへの格納方法はクライアントプログラムの特色を競うところとなる。

クライアントとサーバの関係は相対的なものである。例えば，WWW サーバが時刻参照のため時刻サーバの呼出しを行うと，WWW サーバはクライアントの立場となる。

サーバは複数のクライアントから同種類（例えば WWW）のサービスを要求される。これらの要求はたがいに独立したものである。これらの処理はそれぞれ別に実行されなければならない。これは並行処理と呼ばれる。**図 12.2** に

```
                    サーバ
クライアント 1  ----→
クライアント 2  ----→
クライアント 3  ----→
```

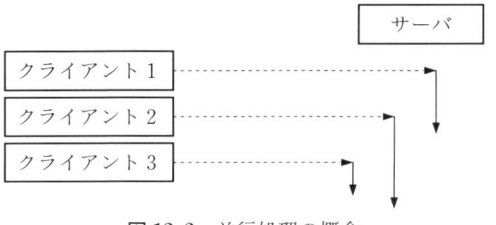

図 12.2 並行処理の概念

並行処理の考え方を示す。サーバはクライアント 1，2，3 からの処理要求に対し，見かけ上並行して処理を進める。

クライアントでは平行処理が要求されることはない。サーバのプログラム設計はクライアントのプログラム設計と比較して格段に難しい。

12.1.2　ソケットの考え方

クライアントプログラムと TCP/IP の接点ならびにサーバプログラムと TCP/IP の接点がソケットである。図 12.3 にソケットの考え方を示す。クライアントプログラムはソケットを通してサーバプログラムと送受信を行う。TCP/IP が提供する通信の詳細については知る必要がない。同様に，サーバプログラムもソケットを介してクライアントと送受信を実行する。サーバも TCP/IP が提供する通信の詳細については知る必要がない。

```
           関数呼出し      TCP/IP       関数呼出し
クライアントプログラム ⇔ ソケット ⇔ ソケット ⇔ サーバプログラム
```

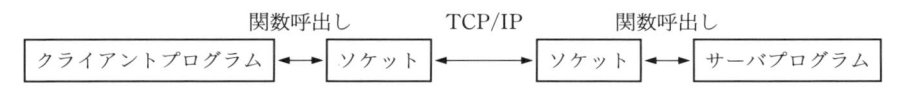

図 12.3　ソケットを用いたクライアント/サーバ処理

ソケットを用いたクライアント/サーバ処理の流れを図 12.4 に示す。クライアントプログラムは関数 socket() を用いてソケットを作成する。つぎに，関数 connect() を用いてサーバとの接続を確立する。その後，関数 send() を用

```
        クライアント              サーバ
        socket()                socket()
                                bind()
        connect()    ─────→    listen()
                                accept()
        send()      ←─────→    recv()
        recv()      ←─────      send()
        closesocket()           closesocket()
```

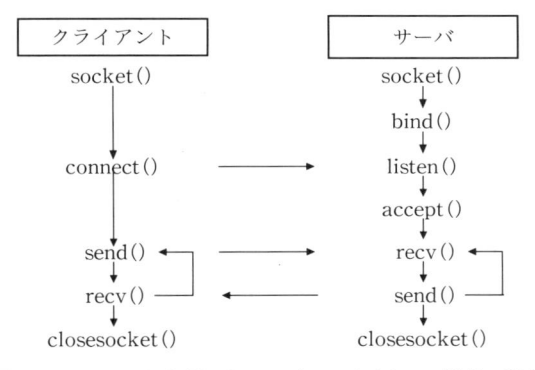

図 12.4　ソケットを用いたクライアント/サーバ処理の流れ

いたデータ送信，および関数 recv() を用いたデータ受信などを実行する。接続の終了は関数 closesocket() によって行われる。

一方，サーバは関数 socket() を用いてソケットを作成する。作成したソケットとサーバの IP アドレスおよびポート番号を，関数 bind() を用いて結び付ける。さらに，関数 listen() を用いてソケットを受信モードに設定する。クライアントからの接続要求（connect()）は，サーバの listen() で待ち行列に入る。関数 accept() は待ち行列に入っている接続要求を受け付ける。受け付けた接続に対してサーバは新しいプロセス（ソケット）を作成する。関数 recv()，send() を用いてコマンドやデータの送受信を行う。所定の処理が終了すると closesocket() を用いてそのプロセスのソケットを終了する。関数 accept() は平行して新しいプロセスを受け付ける。

12.2 Winsock

12.2.1 Winsock の起動，終了，誤り解析を行う関数

Winsock は Windows に対してソケットインターフェイスを提供する。Winsock には，UNIX と同一の関数ならびに Windows 用に拡張された関数がある。Windows に特有な関数は関数名が WSA で始まる。

Winsock の起動，終了，誤り解析に必要な関数を表 12.1 に示す。以下，各関数の概要について説明する。それぞれの関数の詳細は Winsock 仕様書を参照されたい。

表 12.1　Winsock の起動，終了，誤り解析に必要な関数

関数名	概　要
WSAStartup()	Winsock を起動する
WSACleanup()	Winsock を終了する
WSAGetLastError()	一番最近生じたエラーの詳細コードを得る

・**int WSAStartup（WORD wVersionRequired, LPWSADATA lpWSAData）**　　この関数は Winsock を起動する。すなわち，Windows ソケット用の動的リンクライブラリ（DLL：dynamic link library）を起動する。

引数 wVersionRequired は Winsock の版を表す WORD（16 ビット整数）である。引数 lpWSAData は構造体 WSADATA に対するポインタである。構造体 WSADATA には Winsock に関する情報が設定される。

構造体 WSADATA の構成を図12.5に示す。この構造体は winsock.h に記述されている。wVersion と wHighVersion は Winsock の版を表す WORD である。版 1.1 は 10 進数で 257（16 進数で 0x101）と表現される。FAR 宣言は Windows 95 以降では無視される。

正常終了時には関数値として 0 を返す。異常終了時には関数値として 0 以外のエラーコード（整数値）を返す。異常終了時には Winsock が起動されない。WSAGetLastError()を用いて詳細なエラー情報を取得することはできない。WSADATA の詳しい仕様は Visual C++ [ヘルプ]から検索できる。

```
typedef struct WSAData {
        WORD              wVersion;       /* 版 */
        WORD              wHighVersion;   /* 版 */
        char              szDescription[WSADESCRIPTION_LEN+1];
                                          /* ベンダ識別 */
        char              szSystemStatus[WSASYS_STATUS_LEN+1];
                                          /* 関連ステータス */
        unsigned short    iMaxSockets;    /* ソケット数の最大値 */
        unsigned short    iMaxUdpDg;      /* UDP の最大データグラム長 */
        char FAR *        lpVendorInfo;   /* ベンダ固有のデータ構造 */
} WSADATA;

typedef WSADATA FAR *LPWSADATA;
```

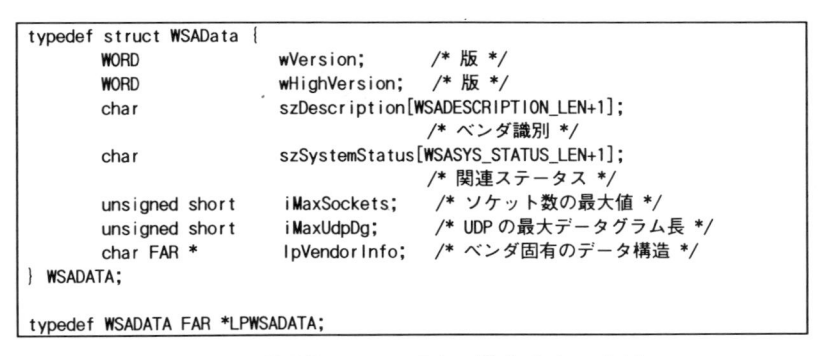

図 12.5　構造体 WSADATA の構成（winsock.h）

・**WSACleanup()**　　この関数は Winsock の終了を行う。すなわち，Windows ソケット用の動的リンクライブラリを終了する。正常終了時には関数値として 0 を返す。異常終了時には関数値として SOCKET_ERROR を返す。エラーの詳細は WSAGetLastError()を用いて取得できる。SOCKET_ERROR は winsock.h の中で −1 と定義されている。

・**int WSAGetLastError()**　　この関数は一番最近生じたエラーの詳細コードを返す。エラーコードの一覧は winsock.h に，詳細な内容は Winsock 仕様書に記述されている。

Winsockを起動し，Winsockに関する情報を表示し，Winsockを終了するプログラムを**図12.6**に示す．関数WSAStartup()によってWinsockが起動される．正常に起動できたとき関数WSAStartup()は0を返す．構造体wsaDataにWinsockに関する情報が格納される．関数WSACleanup()によってWinsockは終了する．

```
#include <iostream.h>
#include <winsock.h>

void main()
{
    WSADATA wsaData;
    int     err;

    if((err = WSAStartup(0x101,&wsaData)) != 0)
        {cout << "WSAStartup error with code " << err << endl;
         WSACleanup(); return;}

    cout << "wVersion       = " << wsaData.wVersion         << endl;
    cout << "wHighVersion   = " << wsaData.wHighVersion     << endl;
    cout << "szDescription  = " << wsaData.szDescription    << endl;
    cout << "szSystemStatus = " << wsaData.szSystemStatus   << endl;
    cout << "iMaxSockets    = " << wsaData.iMaxSockets      << endl;
    cout << "iMaxUdpDg      = " << wsaData.iMaxUdpDg        << endl;

    WSACleanup();
}
```

図12.6 Winsockの起動，関連情報の表示，終了を行うプログラム

12.2.2 データベース用の関数

ホスト名やIPアドレスなどを取得するために用いられる関数はデータベース用関数と呼ばれる．これらを**表12.2**に示す．ホスト名とIPアドレスの対応付け，ホスト名の取得，プロトコルとプロトコル番号の対応付け，ならびにサービス名とサービス番号の対応付けを行う．例えば，関数gethostname()を用いて自分自身のホスト名を取得するようにしておけば，そのプログラムを他のコンピュータに移植することができる．

Windowsではservicesファイルにサービス名，ポート番号，プロトコルを表す一覧表が提供されている．

12.2 Winsock

表 12.2 データベース用の関数

関数名	概　　要
gethostbyaddr()	IP アドレスに対応するホスト名を取得する
gethostbyname()	ホスト名に対応する IP アドレスを取得する
gethostname()	現在のホスト名を取得する
getprotobyname()	プロトコル名から対応するプロトコル番号を検索する
getprotobynumber()	プロトコル番号から対応するプロトコル名を検索する
getservbyname()	サービス名から対応するポート番号を検索する
getservbyport()	ポート番号から対応するサービス名を検索する

・**struct hostent gethostbyaddr（const char FAR* addr, int len, int type）**　　この関数は IP アドレスに対応するホスト名を検索し，構造体 hostent へ格納する。引数 addr には 32 ビット IP アドレスへのポインタを指定し，char 型に型変換を行う必要がある。正常終了時には関数値として構造体 hostent へのポインタが返される。異常終了時には関数値として NULL ポインタが返される。エラーの詳細は WSAGetLastError() を用いて取得できる。

構造体 hostent の構成を**図 12.7** に示す。h_name にはホスト名が格納される。h_addrtype として Winsock では PF_INET（＝2）が指定される。IP アドレスは 4 バイトなので h_length は 4 である。h_addr には 32 ビット IP アドレスが格納される。

```
struct  hostent {
        char    FAR * h_name;           /* ホスト名           */
        char    FAR * FAR * h_aliases;  /* エイリアスリスト */
        short   h_addrtype;             /* PF_INET = 2       */
        short   h_length;               /* 4 バイト          */
        char    FAR * FAR * h_addr_list; /* 32 ビット IP アドレス */
#define h_addr  h_addr_list[0]
};
```

図 12.7　構造体 hostent の構成（winsock.h）

・**struct hostent gethostbyname（const char FAR* name）**　　この関数はホスト名に対応する IP アドレスを検索し，構造体 hostent へ格納する。引数としてホスト名へのポインタを指定する。正常終了時には関数値として構造体 hostent へのポインタが返される。異常終了時には関数値として NULL ポインタが返される。エラーの詳細は WSAGetLastError() を用いて取得でき

る。

・**int gethostname (char FAR* name, int namelen)**　この関数はプログラムを実行しているコンピュータのホスト名を取得し，ポインタ name で参照できるようにする。正常終了時には関数値として 0 が返される。異常終了時には関数値として SOCKET_ERROR が返される。エラーの詳細は WSAGetLastError()を用いて取得できる。

・**struct protoent getprotobyname (const char FAR* name)**　この関数はプロトコル名から対応するプロトコル番号を検索し，構造体 protoent に設定する。表 5.1 に示されるように，ICMP＝1，TCP＝6，UDP＝17 である。正常終了時には関数値として構造体 protoent に対するポインタが返される。異常終了時には関数値として NULL ポインタが返される。エラーの詳細は WSAGetLastError()を用いて取得できる。構造体 protoent の構造については winsock.h に記述されている。

・**struct protoent getprotobynumber (int proto)**　この関数はプロトコル番号から対応するプロトコル名を検索し，構造体 protoent に設定する。正常終了時には関数値として構造体 protoent に対するポインタが返される。異常終了時には関数値として NULL ポインタが返される。エラーの詳細は WSAGetLastError()を用いて取得できる。

・**struct servent getservbyname (const char* name, const char* proto)**
この関数はサービス名とプロトコル（TCP/UDP）から対応するポート番号を検索し，構造体 servent に設定する。正常終了時には関数値として構造体 servent へのポインタが返される。異常終了時には関数値として NULL ポインタが返される。エラーの詳細は WSAGetLastError()を用いて取得できる。構造体 servent の構造については winsock.h に記述されている。

・**struct servent getservbyport (const char* name, const char* proto)**
この関数はポート番号とプロトコル（TCP/UDP）から対応するサービス名を検索し，構造体 servent に設定する。正常終了時には関数値として構造体 servent へのポインタが返される。異常終了時には関数値として NULL ポイ

ンタが返される。エラーの詳細は WSAGetLastError() を用いて取得できる。

12.2.3　IP アドレス表現を変換する関数

　IP アドレスを表す一つの方法は符号なし 32 ビット整数として表現することである。別の方法としてドット付き 10 進記法を用いることもできる。これらを相互に変換するための関数を**表 12.3** に示す。

表 12.3　IP アドレスの表現を変換する関数

関数名	概　　要
inet_addr()	ドット付き 10 進記法から 32 ビット整数に変換する
inet_ntoa()	32 ビット整数からドット付き 10 進記法に変換する

・**unsigned long inet_addr (const char* cp)**　　この関数はドット付き 10 進記法（ポインタ cp で示される）を符号なし 32 ビット整数に変換する。正常終了時には関数値として 32 ビット IP アドレスを返す。異常終了時には関数値として INADDR_NONE を返す。

・**char* inet_ntoa (struct in_addr in)**　　この関数は 32 ビット IP アドレスをドット付き 10 進記法に変換する。構造体 in_addr の構成を**図 12.8** に示す。共用体（UNION）を用いて定義されている。TCP/IP では u_long S_addr が用いられる。正常終了時には関数値としてドット付き 10 進記法へのポインタを返す。異常終了時には関数値として NULL ポインタを返す。

```
struct in_addr {
        union {
                struct { u_char s_b1,s_b2,s_b3,s_b4; } S_un_b;
                struct { u_short s_w1,s_w2; } S_un_w;
                u_long S_addr;
        } S_un;
#define s_addr   S_un.S_addr       /* TCP/IP用 */
};
```

図 12.8　構造体 in_addr の構成（winsock.h）

　ホスト名から 32 ビット IP アドレスへ変換し（gethostbyname()），さらにドット付き 10 進記法へ変換する（inet_ntoa()）プログラムを**図 12.9** に示す。

```
#include <iostream.h>
#include <winsock.h>
#include <string.h>

void main()
{
    WSADATA wsaData;
    char    host_name[50];
    struct  hostent *host;
    in_addr in;
    int     err;

    if((err = WSAStartup(0x101,&wsaData)) != 0)
        {cout << "WSAStartup error with code " << err << endl;
        WSACleanup(); return;}

    cout << "enter host name" << endl;
    cin  >> host_name;

    if ((host = gethostbyname(&host_name[0])) == NULL)
        {cout << "gethostbyname error with code " << WSAGetLastError() << endl;
        WSACleanup(); return;}

    memcpy(&in,host->h_addr,4);
    cout << "IP address= " << inet_ntoa(in) << endl;

    WSACleanup();
}
```

図 12.9 ホスト名からドット付き 10 進記法 IP アドレスへの変換プログラム

12.2.4 バイト順序を変換する関数

コンピュータのアーキテクチャに依存してバイト順序（ビッグエンディアン，リトルエンディアン：付録 C）が異なる。例えばインテル社の Pentium 系マイクロプロセッサはリトルエンディアンであり，SUN 社の SPARC プロセッサはビッグエンディアンである。TCP/IP ではビッグエンディアンが用いられる。これはネットワークのバイト順序と呼ばれる。

バイト順序を変換する関数を表 12.4 に示す。リトルエンディアンのコンピュータではこれらの関数を必ず使用しなければならない。ビッグエンディアンのコンピュータでも，これらの関数を用いておけばリトルエンディアンのコンピュータへのソフトウェア移植が容易となる。

12.2 Winsock

表 12.4 バイト順序を変換する関数

関数型/関数名	引数/働き/終了コード
htonl()	32 ビット整数をネットワークのバイト順序に変換する
htons()	16 ビット整数をネットワークのバイト順序に変換する
ntohl()	32 ビット整数をホストのバイト順序に変換する
ntohs()	16 ビット整数をホストのバイト順序に変換する

・**u_long htonl (u_long hostlong), u_short htons (u_short hostshort)**

これらの関数はホストのバイト順序をネットワークのバイト順序に変換する。関数値としてビッグエンディアン表現が得られる。引数および関数値は 32 ビットあるいは 16 ビットの符号なし整数である。

・**u_long ntohl (u_long netlong), u_short ntohs (u_short netshort)**

これらの関数はネットワークのバイト順序をホストのバイト順序に変換する。関数値としてホストのバイト順序が得られる。引数および関数値は 32 ビットあるいは 16 ビットの符号なし整数である。

12.2.5 ソケットの作成,実行制御,終了を行う関数

ソケットの作成や終了ならびに実行制御にかかわる関数を**表 12.5** に示す。図 12.4 も合わせて参照されたい。

表 12.5 ソケットの作成,実行制御,終了を行う関数

関数名	概　　要
socket()	通信の端点となるソケットを作成する
bind()	IP アドレスおよびポート番号をソケットと結び付ける
connect()	指定されたソケットを通し終点との接続を起動する
listen()	指定されたソケットを受動状態にする
accept()	接続要求を受け付け,ソケットを作成する
closesocket()	ソケットを終了する

・**SOCKET socket (int af, int type, int protocol)**　　この関数は通信の端点となるソケットを作成する。アドレスファミリ af として Winsock ではつねに af＝AF_INET が指定される。通信タイプ type を用いて,下記のように TCP または UDP が指定される。

　　　type＝SOCK_STREAM のとき TCP

type＝SOCK_DGRAM のとき UDP

引数 protocol として通常は 0 が指定される。正常終了時には関数値としてソケットが返される。異常終了時には関数値として INVALID_SOCKET が返される。エラーの詳細は WSAGetLastError() を用いて取得できる。

・**int bind (SOCKET s, struct sockaddr* name, int namelen)** 　この関数はソケット s と構造体 name（ポート番号，IP アドレス）を結び付ける。主としてサーバプログラムで用いられる。引数として構造体 sockaddr が指定されている。ポート番号などの設定には，通常，構造体 sockaddr_in が用いられる。これらの構造体を**図 12.10** に示す。どちらの構造体も 16 バイトから構成されるので型変換を行って使用される。構造体 sockaddr_in は sin_family，ポート番号，IP アドレスから構成される。すなわち，ソケット s と sockaddr_in のポート番号および IP アドレスが結び付けられる。引数 namelen は構造体 sockaddr（sockaddr_in）のバイト数を示す。正常終了時には関数値として 0 が返される。異常終了時には関数値として SOCKET_ERROR が返される。エラーの詳細は WSAGetLastError() を用いて取得できる。

```
struct sockaddr_in {
        short   sin_family;          /* winsock では AF_INET */
        u_short sin_port;            /* ポート番号 */
        struct  in_addr sin_addr;    /* 4 バイト IP アドレス */
        char    sin_zero[8];
};

struct sockaddr {
        u_short sa_family;
        char    sa_data[14];         /* 14 バイトアドレス */
};
```

図 12.10　構造体 sockaddr_in および構造体 sockaddr（winsock.h）

・**int connect (SOCKET s, struct sockaddr* name, int namelen)** 　この関数は指定されたソケット s を通し，構造体 name との間に TCP 接続を起動する。主としてクライアントで使用される。引数として構造体 sockaddr が用いられるので，必要に応じて型変換が行われる。ソケットとして UDP が指定されていると TCP 接続は起動されない。引数 namelen は構造体 sockaddr

(sockaddr_in) のバイト数を示す。正常終了時には関数値として 0 が返される。異常終了時には関数値として SOCKET_ERROR が返される。エラーの詳細は WSAGetLastError() を用いて取得できる。

・**int listen（SOCKET s, int backlog）**　この関数は指定されたソケットを受動状態に設定する。受動状態ではそのソケットに対する接続要求を待ち行列に入れる。backlog は待ち行列の大きさを指定する。この関数は主としてサーバプログラムで使用される。正常終了時には関数値として 0 が返される。異常終了時には関数値として SOCKET_ERROR が返される。エラーの詳細は WSAGetLastError() を用いて取得できる。

・**SOCKET accept（SOCKET s, struct sockaddr* addr, int* addrlen）**
この関数は待ち行列に入っている接続要求を取り出し，ソケットを新規に作成し，接続要求と結び付ける。もとのソケットは受動状態となる。主としてサーバプログラムで使用される。正常終了時には関数値として新規作成されたソケットが返される。異常終了時には関数値として INVALID_SOCKET が返される。エラーの詳細は WSAGetLastError() を用いて取得できる。

・**int closesocket（SOCKET s）**　この関数はソケット s を終了する。正常終了時には関数値として 0 が返される。異常終了時には関数値として SOCKET_ERROR が返される。エラーの詳細は WSAGetLastError() を用いて取得できる。

12.2.6 データ転送を行う関数

データの送信および受信を行う関数を**表 12.6**に示す。TCP では send() および recv() がそれぞれデータの送信，受信に用いられる。UDP では sendto()

表 12.6　データ転送を行う関数

関数名	概　要
send()	TCP を用いてデータを送信する
sendto()	UDP を用いてデータを送信する
recv()	TCP を用いてデータを受信する
recvfrom()	UDP を用いてデータを受信する

およびrecvfrom()が用いられる。

・**int send (SOCKET s, const char* buf, int len, int flags)** 　この関数はすでに接続されているソケットsを通しデータbufを長さlenだけ送信する。flagsはオプションを指定する。オプション指定なしのときflags＝0である。正常終了時には関数値として送信した文字数が返される。異常終了時には関数値としてSOCKET_ERRORが返される。エラーの詳細はWSAGetLastError()を用いて取得できる。

・**int sendto (SOCKET s, const char* buf, int len, int flags, const struct sockaddr* to, int tolen)** 　この関数は接続されていないソケットsを通し，送信先toに対してデータbufを長さlenだけ送信する。UDPで用いられる。正常終了時には関数値として送信した文字数が返される。異常終了時には関数値としてSOCKET_ERRORが返される。エラーの詳細はWSAGetLastError()を用いて取得できる。

・**int recv (SOCKET s, char FAR* buf, int len, int flags)** 　この関数は接続されているソケットsを通し，長さlenのデータをbufに受信する。flagsはオプションを指定する。正常終了時には関数値として受信した文字数が返される。接続の終了が返された場合，関数値として0が返される。その他の異常終了時には関数値としてSOCKET_ERRORが返される。エラーの詳細はWSAGetLastError()を用いて取得できる。

・**int recvfrom (SOCKET s, char* buf, int len, int flags, struct sockaddr* from, int* fromlen)** 　この関数は接続されていないソケットsを通し，発信元fromから長さlenのデータをbufに受信する。UDPで用いられる。正常終了時には関数値として受信した文字数が返される。接続の終了が返された場合，関数値として0が返される。その他の異常終了時には関数値としてSOCKET_ERRORが返される。エラーの詳細はWSAGetLastError()を用いて取得できる。

12.3 クライアントプログラム

12.3.1 日時問合せクライアントプログラム

UDP を用いたネットワークプログラムの例を示す。Windows マシンがサーバに対して日時を問い合わせるプログラムである。**図 12.11** にフローチャートを，**図 12.12** にプログラムを示す。

Winsock 起動（WSAStartup()）
↓
IP アドレスを求める（gethostbyname()）
↓
IP アドレス，ポート番号設定（sockaddr_in）
↓
ソケット作成（socket()）
↓
データ送出（sendto()）
↓
データ受信（recvfrom()）
↓
ソケット終了（closesocket()）
↓
Winsock 終了（WSACleanup()）

図 12.11 daytime プログラムのフローチャート

まず，Winsock を起動する。つぎに，サーバ名から IP アドレスを求める。構造体 server（sockaddr_in 型）にサーバの IP アドレス，ポート番号などを設定する。daytime のポート番号は 13 である（表 6.1）。UDP 用のソケットを作成する。作成したソケットを通してデータを送出する。送出するデータは任意である。その後，作成したソケットを通してデータを受信する。データ受信後に，ソケットを終了し Winsock を終了する。

図 12.12 で示されるプログラムにおいて，ポート番号として 7（echo）を指定するとエコーが実行される。ポート番号として 19（chargen）を指定すると ASCII 文字が送られてくる。

12. ネットワークプログラム

```
#include <iostream.h>
#include <winsock.h>
#include <string.h>

void main()
{   WSADATA  wsaData;
    char     *host_name = "www.eei.metro-u.ac.jp";
    char     send_message[] = "Hello World";
    char     recv_message[100];
    struct   hostent *host;
    struct   sockaddr_in server;
    int      addr_length;
    int      err;
    SOCKET   sock;
    unsigned short port = 13;          // 7: echo, 13: daytime, 19: chargen

    if((err = WSAStartup(0x101,&wsaData)) != 0)
        {cout << "WSAStartup error with code " << err << endl;
            WSACleanup(); return;}

    if ((host = gethostbyname(host_name)) == NULL)
        {cout << "gethostbyname error with code " << WSAGetLastError() << endl;
            WSACleanup(); return;}
    memset(&server,0,sizeof(server));
    server.sin_family = host->h_addrtype;   //sin_family
    server.sin_port = htons(port);          //sin_port
    memcpy(&server.sin_addr,host->h_addr,4);

    if ((sock = socket(AF_INET,SOCK_DGRAM,0))<0)
        {cout << "socket error with code " << WSAGetLastError() << endl;
            WSACleanup(); return;}

    if (sendto(sock,send_message,sizeof(send_message),0,
               (struct sockaddr*)&server,sizeof(server))<0)
        {cout << "sendto error with code " << WSAGetLastError() << endl;
          closesocket(sock); WSACleanup(); return;}

    addr_length = sizeof(server);
    if(recvfrom(sock,recv_message,sizeof(recv_message),0,
               (struct sockaddr*)&server,&addr_length)<0)
        {cout << "recvfrom error with code " << WSAGetLastError() << endl;
            closesocket(sock); WSACleanup(); return;}
    cout << "received message is= " << recv_message << endl;

    closesocket(sock);
    WSACleanup();        }
```

図 12.12 UDP を用いた daytime プログラム

12.3.2 HTML読出しクライアントプログラム

TCPを用いたネットワークプログラムの例を示す。WindowsマシンがWWWサーバからHTMLを読み出すプログラムである。**図12.13**にフローチャートを，**図12.14**にプログラムを示す。

```
Winsock 起動（WSAStartup()）
        ↓
IP アドレスを求める（gethostbyname()）
        ↓
IP アドレス，ポート番号設定（sockaddr_in）
        ↓
ソケット作成（socket()）
        ↓
TCP 接続を確立（connect()）
        ↓
データ送出（send()）
        ↓
データ受信（recv()）
        ↓
ソケット終了（closesocket()）
        ↓
Winsock 終了（WSACleanup()）
```

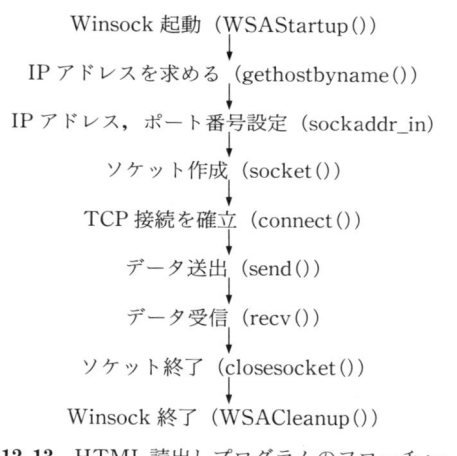

図12.13 HTML読出しプログラムのフローチャート

まず，Winsockを起動する。つぎに，サーバ名からIPアドレスを求める。構造体server（sockaddr_in型）にサーバのIPアドレス，ポート番号などを設定する。HTTPのポート番号は80である（表6.1）。TCP用のソケットを作成する。TCP接続を確立する。作成したソケットを通してデータを送出する。WWWサーバのセキュリティレベルによっては，プログラムで示されるデータ"GET/HTTP/1.0 ¥r¥n"では不十分なこともある。その後，作成したソケットを通してデータを受信する。HEAD部分とBODY部分は別に送られてくることもあるので，図12.14で示されるプログラムでは関数recv()が2回呼び出されている。データ受信後にソケットを終了し，Winsockを終了する。

ポート番号として80以外を指定すると，対応するアプリケーションとの接続が可能となる。そのアプリケーションに対し，決められたコマンドを送出し，受信したメッセージに対して応答を返すことによって，クライアント処理

```
#include <iostream.h>
#include <winsock.h>
#include <string.h>

void main()
{       WSADATA wsaData;
        char    *server_name="www.metro.tokyo.jp";
        struct  hostent *host;          struct  sockaddr_in server;
        unsigned short www_port=80;     SOCKET  sock;
        char    BUFFER[]="GET / HTTP/1.0\r\n : \r\n\r\n";
        char    buf[3000];              int     err;

        if((err = WSAStartup(0x101,&wsaData)) != 0)
            {cout << "WSAStartup error with code " << err << endl;
            WSACleanup(); return;}

        if ((host = gethostbyname(server_name)) == NULL)
            {cout <<"gethostbyname error with code"<<WSAGetLastError()<<endl;
            WSACleanup(); return;}

        memset(&server,0,sizeof(server));
        memcpy(&server.sin_addr,host->h_addr,4);
        server.sin_family = AF_INET;
        server.sin_port = htons(www_port);

        if ((sock = socket(AF_INET,SOCK_STREAM,0)) < 0)
            {cout << "socket error with code" << WSAGetLastError() << endl;
            WSACleanup(); return;}

        if(connect(sock,(struct sockaddr*)&server,sizeof(server)) == SOCKET_ERROR)
            {cout<<"connect error with code"<<WSAGetLastError()<<endl;
            WSACleanup(); return;}

        if (send(sock,BUFFER,sizeof(BUFFER),0) == SOCKET_ERROR)
            {cout << "send error with code" << WSAGetLastError() <<endl;
            WSACleanup(); return;}

        if(recv(sock,buf,sizeof(buf),0) == SOCKET_ERROR)
            {cout << "recv eror with code" << WSAGetLastError() <<endl;
            WSACleanup(); return;}
            cout << "received message = " << buf;

        if(recv(sock,buf,sizeof(buf),0) == SOCKET_ERROR)
            {cout << "recv eror with code" << WSAGetLastError() <<endl;
            WSACleanup(); return;}
            cout << "received message = " << buf;

        closesocket(sock);
        WSACleanup();           }
```

図 12.14 TCP 接続を用いた HTML 読出しプログラム

を実行できる。

12.4 非同期型関数およびその他の関数

12.4.1 非同期型関数

ある関数の呼出しを考える。呼び出された関数の実行時間が予測不可能でかつ実行終了するまで制御を返さないとき，この関数はブロッキング型関数と呼ばれる。これに対し関数値を一定時間内に返すとき非ブロッキング型関数と呼ばれる。例えば，関数 gethostbyname() はその実行が終了するまで呼出し元のプロセスに関数値を返さないのでブロッキング型関数である。

Windows 3.1 では実行中のプロセスを中断して他のプロセスの処理を実行することができなかった。このような性質は非プリエンプティブ型マルチタスク処理と呼ばれる。一方，UNIX, Windows 95 以降では，あるプロセスを中断して別のプロセスの処理を実行することができる。これらはプリエンプティブ型マルチタスク処理と呼ばれる。

一例として，関数 gethostbyname() の実行を考える。なんらかの障害あるいは指定間違いによって関数値が得られないことも考えられる。非プリエンプティブ型マルチタスク処理においてはシステムのハングアップとなってしまう。一方，プリエンプティブ型マルチタスク処理では，実行が終了しないプロセスを中断し，他のプロセスから当該プロセスをキャンセルし利用者にはエラーメッセージを表示することもできる。

Windows 3.1 では非プリエンプティブ型マルチタスク処理を行っていたので非同期型関数が用意された。例えば，関数 gethostbyname() に対し WSAAyncGetHostByName() が用意された。非同期型関数は実行終了とは無関係に関数値をただちに返す。実行が終了したかどうかは後で問い合わせる。一定時間内に実行が終了しないとその関数の実行を取り消すことになる。**表 12.7** に Winsock 1.1 の非同期型関数の一覧を示す。非同期型関数は非ブロッキング型関数である。

12. ネットワークプログラム

表 12.7　Winsock 1.1 の非同期型関数一覧

関 数 名	概　要
WSAAsyncGetHostByAddr()	非同期型 gethostbyaddr()
WSAAsyncGetHostByName()	非同期型 gethostbyname()
WSAAsyncGetProtoByName()	非同期型 getprotobyaddr()
WSAAsyncGetProtoByNumber()	非同期型 getprotobyname()
WSAAsyncGetServByName()	非同期型 getservbyname()
WSAAsyncGetServByPort()	非同期型 getservbyport()
WSAAsyncSelect()	非同期型 select()
	ソケットを非ブロッキング型に変換する
WSACancelAsyncRequest()	完了していない非同期型関数をキャンセルする
WSACancelBlockingCall()	ブロッキング型関数をキャンセルする
WSAIsBlocking()	ブロッキング型関数が処理中かどうか調べる
WSASetBlockingHook()	ブロッキングフックを設定する
WSASetLastError()	エラーコードを設定する
WSAUnhookBlockingHook()	ブロッキングフック設定を解除する

関数 send() などのデータ転送関数に対しては，非同期型関数を用意するのではなく，ソケットを非ブロッキング型に設定する．これによって，関数 send() などは非同期型動作を行う．

Windows 95 以降においても，ユーザインターフェイスの観点から非同期型関数および非ブロッキング型ソケットを使用することが勧められる．非同期型関数を用いれば，例えばキャンセルのためのボタンを画面にただちに表示することができる．

12.4.2 その他の関数

ここまでに登場しなかった Winsock 1.1 の関数とその概要を**表 12.8** に示

表 12.8　その他の Winsock 1.1 の関数

関 数 名	概　要
getpeername()	ソケットの接続相手の IP アドレスを得る
getsockname()	ソケットに対するローカル名を得る
getsockopt()	ソケットのオプションを得る
ioctlsocket()	ソケットのモードを制御する，非ブロッキング型に設定できる
select()	システムに対し利用可能なリソースを問い合わせる
setsocketopt()	ソケットのオプションを設定する
shutdown()	ソケットを通したデータの送信/受信をできなくする

す．ソケットの制御およびデータ転送制御に関する関数などが含まれる．

　Winsock 1.1 では TCP/IP だけを扱っていたが，Winsock 2.2 ではその他のプロトコル（Netware など）も統一的に扱うことができる．さらに，Winsock 2.2 では非同期型関数（WSASend()など）が追加されるなどの拡張もなされている．Winsock 用のクラスライブラリも提供されている．

――――――――― 演 習 問 題 ―――――――――

〔1〕　並列処理と並行処理の違いを説明せよ．
〔2〕　Winsock 1.1 および Winsock 2.2 の仕様を調査せよ．
〔3〕　構造体 WSADATA, sockaddr_in, sockaddr の仕様を調査せよ．
〔4〕　services ファイルに示されているサービス名などを確かめよ．
〔5〕　構造体 protoent ならびに構造体 servent の構造を調査せよ．
〔6〕　Winsock の関数の実行モジュールは Wsock32.lib に格納されている．Wsock32.lib が存在するディレクトリを検索せよ．また，このライブラリをリンクする方法を示せ．
〔7〕　関数 gethostbyaddr() を用いて，IP アドレスからホスト名を検索するプログラムを作成せよ．
〔8〕　関数 getservbyname() を用いて，サービス名とプロトコル（TCP/UDP）からポート番号を検索するプログラムを作成せよ．
〔9〕　ホスト名と IP アドレスの組を hosts に記述し，関数 gethostbyname() を用いてホスト名から IP アドレスへ変換されることを確かめよ．
〔10〕　図 12.14 において，ポート番号を 7，9，13 に設定して実行せよ．

付　録

付録 A．日本工業規格 X 0201 情報交換用符号

ローマ文字用 7 単位符号（ASCII コード）

	0	1	2	3	4	5	6	7
0	NUL	DLE	SP	0	@	P		p
1	SOH	DC1	!	1	A	Q	a	q
2	STX	DC2	"	2	B	R	b	r
3	ETX	DC3	#	3	C	S	c	s
4	EOT	DC4	$	4	D	T	d	t
5	ENQ	NAK	%	5	E	U	e	u
6	ACK	SYN	&	6	F	V	f	v
7	BEL	ETB	'	7	G	W	g	w
8	BS	CAN	(	8	H	X	h	x
9	HT	EM	)	9	I	Y	i	y
A	LF	SUB	*	:	J	Z	j	z
B	VT	ESC	+	;	K	[	k	{
C	FF	FS	,	<	L	¥*	l	|
D	CR	GS	-	=	M	]	m	}
E	SO	RS	.	>	N	^	n	‾*
F	SI	US	/	?	O	_	o	DEL

CR：復帰（Carriage Return），LF：改行（Line Feed），SP：間隔（Space）
例えば，LF=＃0A=000 1010，SP=＃20=010 0000，A=＃41=100 0001
機能キャラクタ（第 2 列，第 3 列）の詳細は日本工業規格 X 0201 を参照のこと。
*ANSI X 3.4-1986 では，＃5C="\"，＃7E="~" である。

付録 B. 10 進-16 進対応表

10 進	16 進	10 進	16 進	10 進	16 進	10 進	16 進	10 進	16 進
1	#1	51	#33	101	#65	151	#97	201	#C9
2	#2	52	#34	102	#66	152	#98	202	#CA
3	#3	53	#35	103	#67	153	#99	203	#CB
4	#4	54	#36	104	#68	154	#9A	204	#CC
5	#5	55	#37	105	#69	155	#9B	205	#CD
6	#6	56	#38	106	#6A	156	#9C	206	#CE
7	#7	57	#39	107	#6B	157	#9D	207	#CF
8	#8	58	#3A	108	#6C	158	#9E	208	#D0
9	#9	59	#3B	109	#6D	159	#9F	209	#D1
10	#A	60	#3C	110	#6E	160	#A0	210	#D2
11	#B	61	#3D	111	#6F	161	#A1	211	#D3
12	#C	62	#3E	112	#70	162	#A2	212	#D4
13	#D	63	#3F	113	#71	163	#A3	213	#D5
14	#E	64	#40	114	#72	164	#A4	214	#D6
15	#F	65	#41	115	#73	165	#A5	215	#D7
16	#10	66	#42	116	#74	166	#A6	216	#D8
17	#11	67	#43	117	#75	167	#A7	217	#D9
18	#12	68	#44	118	#76	168	#A8	218	#DA
19	#13	69	#45	119	#77	169	#A9	219	#DB
20	#14	70	#46	120	#78	170	#AA	220	#DC
21	#15	71	#47	121	#79	171	#AB	221	#DD
22	#16	72	#48	122	#7A	172	#AC	222	#DE
23	#17	73	#49	123	#7B	173	#AD	223	#DF
24	#18	74	#4A	124	#7C	174	#AE	224	#E0
25	#19	75	#4B	125	#7D	175	#AF	225	#E1
26	#1A	76	#4C	126	#7E	176	#B0	226	#E2
27	#1B	77	#4D	127	#7F	177	#B1	227	#E3
28	#1C	78	#4E	128	#80	178	#B2	228	#E4
29	#1D	79	#4F	129	#81	179	#B3	229	#E5
30	#1E	80	#50	130	#82	180	#B4	230	#E6
31	#1F	81	#51	131	#83	181	#B5	231	#E7
32	#20	82	#52	132	#84	182	#B6	232	#E8
33	#21	83	#53	133	#85	183	#B7	233	#E9
34	#22	84	#54	134	#86	184	#B8	234	#EA
35	#23	85	#55	135	#87	185	#B9	235	#EB
36	#24	86	#56	136	#88	186	#BA	236	#EC
37	#25	87	#57	137	#89	187	#BB	237	#ED
38	#26	88	#58	138	#8A	188	#BC	238	#EE
39	#27	89	#59	139	#8B	189	#BD	239	#EF
40	#28	90	#5A	140	#8C	190	#BE	240	#F0
41	#29	91	#5B	141	#8D	191	#BF	241	#F1
42	#2A	92	#5C	142	#8E	192	#C0	242	#F2
43	#2B	93	#5D	143	#8F	193	#C1	243	#F3
44	#2C	94	#5E	144	#90	194	#C2	244	#F4
45	#2D	95	#5F	145	#91	195	#C3	245	#F5
46	#2E	96	#60	146	#92	196	#C4	246	#F6
47	#2F	97	#61	147	#93	197	#C5	247	#F7
48	#30	98	#62	148	#94	198	#C6	248	#F8
49	#31	99	#63	149	#95	199	#C7	249	#F9
50	#32	100	#64	150	#96	200	#C8	250	#FA
251	#FB	252	#FC	253	#FD	254	#FE	255	#FF

付録 C. バ イ ト 順 序

バイト順序とは，2バイト以上のデータにおける各バイトのアドレス付けの方法である。ビッグエンディアンと呼ばれる方式とリトルエンディアンと呼ばれる方式がある。4バイトデータに対する両方式の例を**付図 C** に示す。ビッグエンディアン方式では左から順にバイト 0，バイト 1，バイト 2，バイト 3 とアドレスを付ける。一方，リトルエンディアン方式では左から順にバイト 3，バイト 2，バイト 1，バイト 0 とアドレスを付ける。

TCP/IP ではビッグエンディアン方式が用いられている。すべてのデータはバイトアドレスの小さい順に送信される。このため 2 バイト以上のデータの扱いについては注意を要する。例えば，IP アドレス 12.34.56.78 をメモリに格納するとき，どちらの方式を用いてもメモリ上のパターンは同一である。しかし，パケットの送信順序が異なる。すなわち，ビッグエンディアン方式では 12，34，56，78 の順序で送信されるが，リトルエンディアン方式では 78，56，34，12 の順序で送信される。

上記の事情により，2 および 4 バイトデータについては，バイト順序は統一されなければならない。リトルエンディアン方式のコンピュータでは，表 12.4 で示される関数を用いてバイト順序を変換しなければならない。

ビッグエンディアン方式の代表例は SPARC アーキテクチャ（SUN 社）である。リトルエンディアン方式の代表例は Pentium 系のマイクロプロセッサ（インテル社）である。

バイト 0	バイト 1	バイト 2	バイト 3

（a） ビッグエンディアン方式

バイト 3	バイト 2	バイト 1	バイト 0

（b） リトルエンディアン方式

付図 C　ビッグエンディアン方式とリトルエンディアン方式

付録 D. 本書に関連する RFC

RFC 一覧：1000, 2000, 2300, 3700, 5000	echo：862
番号一覧：1700	EGP：904
	FINGER：1288
イーサネット：894, 1042	FTP：959, 2228
サブネット番号割当て：950, 1219	HTTP 1.0：1945
性能測定：1242, 1944, 2285, 2330, 2678〜2680	HTTP 1.1：2068
セキュリティガイド：1281	ICMP：792
チェックサム：1071, 1141, 1624	IP：791
チュートリアル：1180	IPCP：1332
追悼：2468	NAT：1631
電子メールの形式：822	NNTP：977
ネットワーク解析ツール：1739	OSPFv2：2178
年表：2235	POP3：1939
プライベート IP アドレス：1918	PPP：1661, 1662
利用倫理：1855	RIP：1058
歴史（回想）：2555	RIP2：1723
	RSVP：2205
ARP：826	SOCKS：1928, 1929, 1961
BGP-4：1771, 1772	SMTP：821
bootp：951	TCP：793, 2001
chargen：864	Telnet：854
DHCP：2131, 2132	同上オプション：856〜859, 1091
CIDR：1466, 1518, 1519	UDP：768
daytime：867	URL：1738
discard：863	X Window プロトコル：1013
DNS：1034, 1035	

付録 E. DHCP のパケットトレース

E.1　DHCP 用 UDP セグメントの形式

　DHCP パケットの形式を**付図 E.1** に示す。以下に，DHCP パケットの各部分の説明を行う。

- 操作（1 バイト）　　1：ブート要求，2：ブート応答。
- ハードウェアタイプ（1 バイト）　　イーサネットでは 1 が指定される。
- 物理アドレス長（1 バイト）　　イーサネットを使用するときは 6 が指定される。
- ホップ数（1 バイト）　　クライアントは 0 を指定する。複数のルータを越えて

操作（8 b）	ハードウェアタイプ（8 b）	物理アドレス長（8 b）	ホップ数（8 b）
識別子（32 b）			
秒数（16 b）		フラグ（16 b）	
クライアントの IP アドレス（32 b）			
あなたの IP アドレス（32 b）			
サーバの IP アドレス（32 b）			
ルータの IP アドレス（32 b）			
物理アドレス（48 b）			
省略（64 b）			
省略（128 b）			
オプション（可変長）			

付図 E.1 DHCP パケットの形成

DHCP を行うとき DHCP サーバがホップ数を指定する。

・識別子（xid, 4 バイト）　クライアントが生成する識別パターンである。

・秒数（secs, 2 バイト）　クライアントがブートを開始した後の経過時間〔秒〕である。サーバからの回答では意味を持たない。

・フラグ（flags, 2 バイト）　放送フラグ（1 ビット）のみを含む。このフラグが 1 のとき，クライアントは放送 IP アドレスを用いて回答パケットを転送するよう要求している。

・クライアントの IP アドレス（4 バイト）　クライアントがすでに取得している IP アドレスがあれば指定する。

・あなたの IP アドレス（4 バイト）　DHCP サーバがクライアントの IP アドレスを指定する。

・サーバの IP アドレス（4 バイト）　クライアントが知っているサーバの IP アドレスがあれば指定する。

・ルータの IP アドレス（4 バイト）　クライアントが知っているルータの IP アドレスがあれば指定する。

・物理アドレス（6 バイト）　クライアントの物理アドレスを指定する。

・オプション（option, 可変長）　オプションフィールドの最初の 4 バイトはマジッククッキーと呼ばれるパターン 99 130 83 99（# 63 82 53 63）である。オプション部を用いてクライアント-サーバ間でメッセージの交換を行う。これによって TCP/IP パラメータを DHCP クライアントに設定することができる。メッセージの

付　　　　　　　録　　　*161*

付表 E　DHCP のオプションを用いたメッセージ

コード	後続の長さ	内　　　容
1 (#01)	4 B	サブネットマスク
3 (#03)	4 B の倍数	ルータの IP アドレス
6 (#06)	4 B の倍数	DNS サーバの IP アドレス
12 (#0C)	1 B 以上	ホスト名
15 (#0F)	1 B 以上	ドメイン名
28 (#1C)	4 B	放送（ブロードキャスト）IP アドレス
50 (#32)	4 B	特定の IP アドレスを希望する
51 (#33)	4 B	IP アドレスのリース時間，単位：秒
53 (#35)	1 B	DHCP メッセージタイプ 1：DHCPDISCOVER，2：DHCPOFFER，ほか略
54 (#36)	4 B	DHCP サーバの IP アドレス
58 (#3A)	4 B	リース終了予告時間その 1，単位：秒
59 (#3B)	4 B	リース終了予告時間その 2，単位：秒
61 (#3D)	2 B 以上	クライアント識別子（ハードウェアタイプ＋物理アドレス）
255 (#FF)	–	オプションの終了を示す

一部を**付表 E** に示す。

E.2　パケットレースの例

　DHCP のパケットトレース例を**付図 E.2** に示す。パケット 65 はクライアントからの放送である。パケットの各部分について説明する。操作はブート要求（#01），ハードウェアタイプはイーサネット（#01），物理アドレス長は#06，ホップは#00，識別子は#36013F01，ブート開始からの経過時間は#0600 秒，フラグ（放送フラグ）は指定なし（#0000），4 個の IP アドレスはそれぞれ#0.0.0.0，引き続き物理アドレスが設定されている。オプションは#63825363 から始まる。メッセージタイプ（#35）が DHCPDISCOVER であることが指定され，クライアント識別子（#3D）はハードウェアタイプ＋物理アドレス，希望する IP アドレスが指定され（#32），ホスト名が指定されて（#0C），オプション部が終了する（#FF）。

　パケット 68 はサーバからの応答である。操作はブート応答（#02），ハードウェアタイプはイーサネット（#01），物理アドレス長は#06，ホップは#00，識別子は#36013F01（パケット 65 と同一），経過時間は意味を持たないので#0000，フラグは#0000，あなたの IP アドレスおよびルータの IP アドレスが指定され，引き続きクライアントの物理アドレスが設定されている。オプション部は#63825363 から始まる。メッセージタイプ（#35）が DHCPOFFER であることが指定され，以下のオプションが指定されている。リース終了予告時間その 1（#3A），リース終了予告時間その 2（#3B），DHCP サーバの IP アドレス（#36），ホスト名（#0C），サブネットマスク（#01），ルータの IP アドレス（#03），DNS サーバの IP アドレス（#06），ドメ

```
Packet 65:   00:A0:DC:22:15:7B -> broadcast, [0800] IP
IP,      0.0.0.0       -> 255.255.255.255, [17] UDP
UDP,    [68] bootpc -> [67] bootps
        UDP length: 308, Checksum: 7B0Bh (GOOD)

0000  FF FF FF FF FF FF 00 A0 DC 22 15 7B 08 00 45 00   ÿÿÿÿÿÿ.  7".{..E.
0010  01 48 54 06 00 00 20 11 45 A0 00 00 00 00 FF FF   .HT... .E ...ÿÿ
0020  FF FF 00 44 00 43 01 34 7B 0B 01 01 06 00 36 01   ÿÿ.D.C.4{.....6.
0030  3F 01 06 00 00 00 00 00 00 00 00 00 00 00 00 00   ?...............
0040  00 00 00 00 00 00 00 A0 DC 22 15 7B 00 00 00 00   .......  7".{....
                              オール0 中略
0100  00 00 00 00 00 00 00 00 00 00 00 00 00 00 00 00   ................
0110  00 00 00 00 00 00 63 82 53 63 35 01 01 3D 07 01   ......c4c5..=..
0120  00 A0 DC 22 15 7B 32 04 85 56 XX XX 0C 07 69 63   .  7".{2.·....ic
0130  68 69 6E 6F 00 FF 00 00 00 00 00 00 00 00 00 00   hino.ÿ..........
0140  00 00 00 00 00 00 00 00 00 00 00 00 00 00 00 00   ................
0150  00 00 00 00 00 00                                 ......    ....

Packet 68:   00:00:0E:35:0A:98 -> 00:A0:DC:22:15:7B, [0800] IP
IP,      133.86.yy.yy -> 133.86.xx.xx, [17] UDP
UDP,    [67] bootps -> [68] bootpc
        UDP length: 556, Checksum: 6341h (GOOD)

0000  00 A0 DC 22 15 7B 00 00 0E 35 0A 98 08 00 45 00   . 7".{...5.*..E.
0010  02 40 63 41 00 00 1E 11 14 73 85 56 YY YY 85 56   .@cA.....s·..·
0020  XX XX 00 43 00 44 02 2C 63 41 02 01 06 00 36 01   .L.C.D.,cA....6.
0030  3F 01 00 00 00 00 00 00 00 00 85 56 XX XX 00 00   ?.........·....
0040  00 00 85 56 RR RR 00 A0 DC 22 15 7B 00 00 00 00   ...·... 7".{....
0050  00 00 00 00 00 00 00 00 00 00 00 00 00 00 00 00   ................
                              オール0 略
0100  00 00 00 00 00 00 00 00 00 00 00 00 00 00 00 00   ................
0110  00 00 00 00 00 00 63 82 53 63 35 01 02 3A 04 00   ......c4c5..:..
0120  00 54 60 3B 04 00 00 93 A8 36 04 85 56 SS SS 0C   .T`;...鐙6.·...
0130  17 68 30 37 36 2E 6D 31 32 7A 2E 6D 65 74 72 6F   .h076.m12z.metro
0140  2D 75 2E 61 63 2E 6A 70 01 04 FF FF FF 00 03 04   -u.ac.jp..ÿÿÿ...
0150  85 56 RR RR 06 08 85 56 DN S1 85 56 DN S2 0F 13   ·....·..·..
0160  6D 31 32 7A 2E 6D 65 74 72 6F 2D 75 2E 61 63 2E   m12z.metro-u.ac.
0170  6A 70 2E 1C 04 85 56 BB FF 33 04 00 00 A8 C0 FF   jp...ÿ3...イタ ÿ
0180  00 00 00 00 00 00 00 00 00 00 00 00 00 00 00 00   ................
                              オール0 略
0240  00 00 00 00 00 00 00 00 00 00 00 00 00 00 00 00   ................
0250  00 00 00 00 00 00       00 00 00 00
```

付図 E.2　DHCP のパケットトレース例

イン名（#0F），放送 IP アドレス（#1C），IP アドレスのリース時間（#33）．オプション部が終了する（#FF）．

付録 F. tracert コマンドのパケットトレース

　tracert コマンドのパケットトレースを**付図 F** に示す。パケット 1，2 ともに，イーサネットタイプは IP（#0800）であり，IP ヘッダ中のプロトコル指定は ICMP（#01）である。パケット 1 において，TTL は 1（#01），ICMP タイプはエコー要求（#08）が指定されている。パケット 2 において，TTL は 255（#FF），ICMP タイプは TTL 超過（#0B）が指定されている。ICMP の関連情報として，パケット 1 の IP ヘッダおよび ICMP パケットが運ばれている。

　UNIX における traceroute コマンドでは，ICMP エコーではなく UDP パケットとその TTL 超過 ICMP パケットが利用されている。

```
Packet 1:  00:80:C8:2F:2E:2E -> 00:00:0E:35:0A:A2
IP,    133.86.xx.xx -> 133.86.yy.yy
    Version: 04,    IP header length: 05 (32 bit words)
    Service type:  0: Precedence: 0, Delay: Norm, Throug: Norm, Reliab: Norm
    Total IP length: 44, ID: BD03h, Fragments: No, Time to live: 1
    PROTOCOL: [1] ICMP, Header checksum: B9AC (GOOD)
ICMP:    Type [8] ECHO REQUEST, Code: [0]
    Checksum: 9DAAh,    Identifier: 0100h, Sequence number: 0400h

0000  00 00 0E 35 0A A2 00 80  C8 2F 2E 2E 08 00 45 00    ...5.[.□ネ/....E.
0010  00 2C BD 03 00 00 01 01  B9 AC 85 56 XX XX 85 56    .,ス.....ｹｬ・..・
0020  YY YY 08 00 9D AA 41 00  04 00 AA AA AA AA AA AA    ....撝....ⅡⅡⅡⅡ
0030  AA AA AA AA AA AA AA AA  AA AA                      ⅡⅡⅡⅡⅡⅡⅡⅡⅡⅡ

Packet 2:  00:00:0E:35:0A:A2 -> 00:80:C8:2F:2E:2E
IP,    133.86.bb.bb -> 133.86.aa.aa
    Version: 04,    IP header length: 05 (32 bit words)
    Service type:  0: Precedence: 0, Delay: Norm, Throug: Norm, Reliab: Norm
    Total IP length: 56, ID: 133Eh, Fragments: No, Time to live: 255
    PROTOCOL: [1] ICMP, Header checksum: 49AB (GOOD)
ICMP:    Type [11] TIME EXCEEDED, Code: [0] Time-to-live Count Exceeded
    Checksum: 4A41h,    Identifier: 0000h, Sequence number: 0000h

0000  00 80 C8 2F 2E 2E 00 00  0E 35 0A A2 08 00 45 00    .□ネ/.....5.[..E.
0010  00 38 13 3E 00 00 FF 01  49 AB 85 56 YY YY 85 56    .8.>..ÿ.Iォ・..・
0020  XX XX 08 00 4A 41 00 00  00 00 45 00 00 40 BD 03    ....JA....E..@ス
0030  00 00 01 01 B9 AC 85 56  XX XX 85 56 YY YY 08 00    ....ｹｬ・..・....
0040  9D AA 01 00 04 00                                    撝....
```

付図 F　tracert コマンドのパケットトレース例

参 考 文 献

全　般
1) 村井純：インターネット，岩波新書，岩波書店（1996）
2) 浜野保樹：極端に短いインターネットの歴史，晶文社（1997）
3) 笠野英松監修，マルチメディア通信研究会編：通信プロトコル事典，アスキー出版局（1997）
4) 笠野英松監修，マルチメディア通信研究会編：RFC事典，アスキー出版局（1998）
5) 電子情報通信学会編：電子情報通信ハンドブック，オーム社（1998）
6) A. S. Tanenbaum著，水野忠則，相田仁，東野輝夫，太田賢，西垣正勝訳：コンピュータネットワーク　第4版，日経BP社（2003）
7) 小口正人：コンピュータネットワーク入門，サイエンス社（2007）

イーサネット
1) 瀬戸康一郎，末永正彦，二木均，大橋信孝監修，マルチメディア通信研究会編：ギガビットEthernet教科書，アスキー出版局（1999）
2) D. J. Sterling, Jr. 著，赤木保之訳：LANケーブリング ベーシックマニュアル，リックテレコム（1998）
3) 石田修，瀬戸康一郎監修：10ギガビットEthernet教科書，IDGジャパン（2002）

TCP/IPプロトコル
1) P. Miller著，苅田幸雄監訳：マスタリングTCP/IP 応用編，オーム社（1998）
2) W. D. Stevens著，井上尚司監訳，橘康雄訳：詳解TCP/IP，ソフトバンク（1997）
3) K. Washburn, J. Evans著，オープンループ，海江田一詩訳：TCP/IPバイブル 改訂新版，アスキー出版局（1999）
4) K. Washburn, J. Evans著，由井尊訳：TCP/IPバイブル，ソフトバンク（1996）
5) J. M. Davidson著，後藤滋樹，村上健一郎，野島久雄訳：はやわかりTCP/IP，共立出版(1991)
6) 竹下隆史，村山公保，荒井透，苅田幸雄：マスタリングTCP/IP 入門編　第2版，オーム社（1998）

7) 渡邉郁郎：TCP/IP をめぐる 88 問 88 答，オーム社（2010 年）

ネットワーク・セキュリティ
1) 佐々木良一，宝木和夫，櫻庭健年，寺田真敏，浜田成泰：インターネットセキュリティ，オーム社（1996）
2) K. Syan, C. Hare 著，高辻秀治訳：インターネット ファイアウォール，アスキー出版局（1996）
3) Anonymous 著，SE 編集部訳編：クラッキング対策ファイナルガイド，翔泳社（1999）
4) 佐藤周行，笠松隆幸，田村哲也，小林勇範：情報セキュリティ基盤論，共立出版（2010）

ネットワークプログラム
1) D. Comer 著，村井純，楠本博之訳：TCP/IP によるネットワーク構築 Vol. I, II, III，共立出版（1996）
2) A. Dumas 著，海江田一詩監訳：Winsock による Windows ネットワークプログラミング，アスキー出版局（1997）
3) コア・ダンプ：インターネットプログラミング，プレンティスホール（1998）

日本工業規格，IEEE 標準
1) JIS X 0201：情報交換用符号，日本規格協会（1976）
2) JIS X 0304（ISO3166）：国名コード，日本規格協会（1994）
3) JIS X 5150（ISO/IEC11801）：構内情報配線システム，日本規格協会（1996）
4) JIS X 5251（ISO/IEC8802-2）：ローカルエリアネットワークの論理リンク制御，日本規格協会（1989）
5) JIS X 5252（ISO/IEC8802-3）：ローカルエリアネットワーク ― CSMA/CD アクセス及び物理層仕様，日本規格協会（1995）
6) IEEE Std 802.3-1998, Carrier Sense Multiple Access with Collision Detection (CSMA/CD) Access Method and Physical Layer Specifications, (1998)

ヒントと略解

1 章

〔1〕 プラス面の例：快適な生活，安価な情報発信と受信，外国との交流
マイナス面の例：自然環境破壊，テクノストレス，プライバシー侵害

〔2〕 http://www.nic.ad.jp/（JPNIC）および関連団体リンクなどを調査せよ。

〔3〕 次のサイトから検索できる。
http://tools.ietf.org/rfc/, http://rfc-jp.nic.ad.jp/rfc-index.html

〔4〕 JPNIC サイト内の統計に関する項目を参照のこと。

〔5〕 新聞，雑誌，テレビ番組などを調査せよ。

2 章

〔1〕 大学等の情報処理センターが接続図を公開していることがある。学内幹線と学部内はスター型，研究室内はバス型（イーサネット）やスター型（ハブやスイッチングハブ）で構成されることが多い。

〔2〕 検索サイトなどを使って調査せよ。

〔3〕 Windows のコマンドプロンプトのウィンドウを開き，"tracert ホスト名"を実行せよ。ホスト名に対応する IP アドレスも表示される。

〔4〕 tmu.ac.jp（首都大学東京），kantei.go.jp（首相官邸）
sfc.keio.ac.jp（慶應義塾大学湘南藤沢キャンパス）
post.japanpost.jp（日本郵便株式会社）

〔5〕 http://www.asahi.com/（朝日新聞）
http://www.foxjapan.com/（映画会社）
http://okayama-airport.org/（岡山空港）

〔6〕 コマンドプロンプトのウィンドウを開き，"ipconfig-all"を実行せよ。DHCP 接続では，接続ごとに異なる IP アドレスが割り振られていることがある。

〔7〕 左から 3 番目のバイトには 0 と 255 は使用できないので，サブネットワークの数は 254 である。サブネットには 254 個のホストが接続できるのでその総数は 64 516（＝254×254）個となる。

〔8〕 RFC 1466 を参照のこと。日本は Pacific Rim に属する。

〔9〕 コマンドプロンプトのウィンドウを開き，"ping ホスト名"または"ping IP アドレス"を実行せよ。

〔10〕 自動車の運転者はハンドルやアクセルの操作を理解すればよく，中身の詳細を知る必要はない。自動車修理工場では部品レベルでの詳細な仕組みを知る必要があるが，金属やプラスチック成分の詳細までは知る必要はない。

3 章

〔1〕 約 5.8 目盛分なので約 58 μs である。58 μs/(100 ns × 8) ≈ 72 バイト。これはイーサネットの最小フレームである（4 章）。

〔2〕

	10BASE-T	100BASE-TX	1000BASE-T
500B	0.4 ms (=500×8×100 ns)	0.04 ms (=500×8×5/4×8 ns)	0.004 ms (=500×8 ns)
1 000B	0.8 ms (=1 000×8×100 ns)	0.08 ms (=1 000×8×5/4×8 ns)	0.008 ms (=1 000×8 ns)
1 500B	1.2 ms (=1 500×8×100 ns)	0.12 ms (=1 500×8×5/4×8 ns)	0.012 ms (=1 500×8 ns)

〔3〕

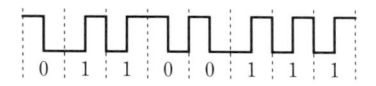

```
 _   ___   _   _ _ _
| | |   | | | | | | |
| |_|   |_| |_| | | |
 0 1 1 0 0 1 1 1
```

〔4〕

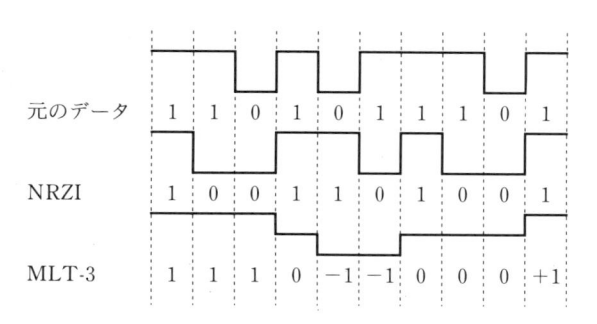

元のデータ	1	1	0	1	0	1	1	1	0	1
NRZI	1	0	0	1	1	0	1	0	0	1
MLT-3	1	1	1	0	−1	−1	0	0	0	+1

〔5〕 ケーブルに印刷してある数字を確かめよ。

〔6〕 光速を 30 万 km/s とする。1 km 進むための時間は 1/30 万 s = 3.3 μs である。東京-ニューヨーク間の往復は光速で $11 \times 10^3 \times 3.3 \times 10^{-6} \times 2$ = 66 ms 必要である。

〔7〕 分解調査，あるいは商品カタログ，メーカのホームページなどを調査せよ。
〔8〕 分解調査，あるいは商品カタログ，メーカのホームページなどを調査せよ。
〔9〕 分解調査，あるいは商品カタログ，メーカのホームページなどを調査せよ。
〔10〕 コンピュータどうしを直結するときクロス型ケーブルを用いる。端子番号1，2を相手の端子番号3，6と，端子番号3，6を相手の端子番号1，2と接続する。これにより，送信信号と受信信号が相互に接続される。

4 章

〔1〕 Windows のコマンドプロンプトのウィンドウを開き，"ipconfig-all" を実行せよ。
〔2〕 www.wireshrk.org から Online Tools/OUI Looup Tool を用いよ。
〔3〕
```
終点物理アドレス：   FF-FF-FF-FF-FF-FF
始点物理アドレス：   12-34-56-78-90-AB
フレームプロトコル：  [0800] IP
フレームチェック系列：  FCS

0000  FF FF FF FF FF FF 12 34 56 78 90 AB 08 00 45 00  ...5.[.□ネ/....E.
0010  00 40 91 00 00 00 20 11 AE C7 85 56 XX XX 85 56  .@*... ョヌ・...・
0020  YY YY 04 0F 00 35 00 2C E6 6F 00 01 01 00 00 01  .....5.,誂......
0030  00 00 00 00 00 00 03 77 77 77 05 6D 65 74 72 6F  .......www.metro
0040  05 74 6F 6B 79 6F 02 6A 70 00 00 01 00 01 FC SF  .tokyo.jp.....
0050  CS FC
```
〔4〕 0001 0000 0000 0000 0000 0100
"1011" は SFD の最後尾，"000100" は物理アドレス#80の6ビット分である。このあと物理アドレス（表4.1）が続くと予想される。
〔5〕 フレーム長 64 B + プリアンブル SFD 部 8 B + フレーム間隔 12 B = 84 B
1 B/(84×8×100 ns) = 15 KB/s
〔6〕 最大 $2^{10} \times 512 \times 100$ ns = 52.4 ms，平均 26.7 ms
〔7〕 イーサネットフレーム同士が衝突し，たまたま短いフレームパターンとなった。
〔8〕 リピータの利点：機器が安価である。
欠点：クライアントどうしのトラフィックもサーバに伝えられるため，ネットワークの混雑と性能低下につながる。
〔9〕 分解調査，あるいは商品カタログ，メーカのホームページなどを調査せよ。
〔10〕 CA は Collision Avoidance を表す。ホストは信号衝突がないことを検出した後，さらに一定時間待機してから送信する。

5 章

〔1〕 26 バイト以上 1 480 バイト以下

〔2〕 | 45 | 00 | 00 28 | 00 64 | 40 00 | 40 | 06 | cs um | 7B 14 1E 28 | 28 1E 14 0A |

〔3〕 $2^{16}/100\text{ s} = 655\text{ s} = 約 11\text{ min}$

〔4〕

0000	08 00	20 00 00 01	00 00	F4 00 00 01	08 06	00 01
0010	08 00	06	04	00 02	00 00 F4 00 00 01	7B 14 1E 28
0020	08 00	20 00 00 01	28 1E 14 0A			

〔5〕 2 台のホストはそれぞれ ARP 応答を返す。ホストの処理状況によって，どちらのホストが早く返答するかわからない。早く受信された ARP 応答を有効とするか遅く受信された ARP 応答を有効とするかは，ARP 要求を行ったホストに実装されているソフトウェアに依存する。一方が電源オフのとき，ARP は正常に動作する。

〔6〕 コマンドプロンプトから"arp -a"を実行せよ。ごく最近接続したホストの IP アドレス，物理アドレスが表示される。arp -a の実行例を以下に示す。

```
Interface: 133.86.aa.aa
  Internet Address     Physical Address     Type
  133.86.bb.bb         00-00-0E-35-0A-A2    dynamic
```

〔7〕 コマンドプロンプトから"ping"を実行せよ。オプションのリストが表示される。

```
Usage: ping [-t] [-a] [-n count] [-l size] [-f] [-i TTL] [-v TOS]
            [-r count] [-s count] [[-j host-list] | [-k host-list]]
            [-w timeout] destination-list
Options:
    -t              Ping the specifed host until stopped.
                    To see statistics and continue - type Control-Break;
                    To stop - type Control-C.
    -a              Resolve addresses to hostnames.
    -n count        Number of echo requests to send.
    -l size         Send buffer size.
                              以下略
```

〔8〕 ルータ：IP アドレスを基に転送を制御する。放送型 ARP を中継しない。
スイッチングハブ：物理アドレスを基に転送を制御する。

〔9〕 商品カタログ，メーカのホームページ，検索サイトなどを参照のこと。

〔10〕 受信ホストの電源断，通信回線の物理的障害，ネットワークの混雑によるパケット廃棄，セキュリティの理由によって返答なし，など

170　　　ヒ　ン　ト　と　略　解

6 章

〔1〕 コネクション指向通信：電話，会議
　　　コネクションレス通信：手紙，葉書，伝言
　　　ファックスや電子メールは相手の機械に届くという意味ではコネクション指向通信であるが，本人が読むかどうかという意味ではコネクションレス通信といえる。

〔2〕 以下の形式で記述されている。

　　　　　| サービス名　ポート番号/プロトコル　［別名］　［#コメント］ |

〔3〕 TCP セグメントに TCP ヘッダ（20 バイト），IP ヘッダ（20 バイト），イーサネットフレーム用の物理アドレスなど（18 バイト）が付加される。最大値は 18＋20＋20＋1 460＝1 518（イーサネットの最大フレーム長）となる。TCP セグメント長の最小値は 20 バイトである。このとき 20 バイトの IP ヘッダに加え，6 バイトのパディングが加えられ IP データグラム長は 46 バイトとなる。イーサネットフレーム長の最小値は 64 バイトとなる。

〔4〕 |0401| |0050| |0000 0064| |0000 00C8| |6|0|02| |2000| |csum| |0000| |0204|
　　　|05B4|

〔5〕 ネットワーク層から TCP セグメントの長さ（データグラム長−IP ヘッダ長）を受け取り，データオフセット分を減じる。

〔6〕 クライアントがタイムアウト制御を行う。すなわち，所定の時間が過ぎても ACK パケットが返ってこない場合，図 6.6 においては 1 個のパケットを，図 6.8 においては 3 個のパケットを再送する。

〔7〕 コマンドなどはホストによってただちに処理されなければならない。PSH 制御フラグを用いることで，コマンドや応答がバッファに入ったままで応答がないという状態を防止できる。

〔8〕 図 6.4

	seq	ack	データ長
パケット 1	10941711	0	SYN
パケット 2	2185154985	10941712	SYN
パケット 3	10941712	2185154986	0

図 6.7

	seq	ack	データ長
パケット 10	10971041	2185155147	6
パケット 11	2185155147	10971047	11

図 6.10

	seq	ack	データ長
パケット 20	2185155836	10941769	FIN
パケット 21	10941769	2185155837	0
パケット 22	10941769	2185155837	FIN
パケット 23	2185155837	10941770	0

〔9〕 echo サービスは TCP 接続確立後に実行されるか，または，UDP でトランスポート層まで運ばれて実行される．これに対して，ICMP エコーはネットワーク層のソフトウェアが処理を実行する．

〔10〕 クライアントのポート番号を 1084（#043C）とする．UDP パターンの一例は 043C 0009 0009 0000 00 である．discard サービスはサーバの負荷が小さいため，システムのデバッグなどに用いることができる．最初の 0009 は discard サービスを表し，2 番目の 0009 はユーザデータグラム長を表す．チェックサム計算は省略されており，最後の 00 はデータである．

7 章

〔1〕（1） 存在しない利用者名：発信者が転送を依頼する電子メールサーバはクライアントの電子メールをいったん受け取る．しかし，相手方の電子メールサーバにメールボックスが存在しない．発信者のサーバから相手方のサーバへ送られる RCPT コマンドにおいて OK とならない．発信先の電子メールサーバから発信者に対して，User unknown を通知する電子メールが送られる．発信者が同一ドメイン内（すなわち発信先と発信元が同一のサーバ）で存在しない利用者名を指定すると，発信者の電子メールサーバは利用者が存在しないことがわかる．RCPT コマンドに対して OK とならない．電子メールサーバは電子メールを受け取ることなく発信者に対してエラーメッセージが返される．
（2） 存在しない電子メールサーバ：発信者が転送を依頼する電子メールサーバにおいて，ドメイン名から IP アドレスへの変換ができない．このサーバから発信者に対して Host unknown を通知する電子メールが送られる．
（3） 稼働中でないメールサーバ：発信者が転送を依頼する電子メールサーバにおいて，ドメイン名から IP アドレスへの変換はできる．サーバは電子メールの再転送を試みる．再試行の期間は通常 1 週間程度に設定される．

〔2〕 利点：外出先などから電子メールを読み出したときも，その電子メールを残しておくことができる．
欠点：サーバのディスクを圧迫する．100 人の利用者がそれぞれ 10 M バイト

172　　ヒ　ン　ト　と　略　解

の領域を使用すると合計で1GBの容量となる。

〔3〕 S14 → C18，S26 → C28，S30 → C37

〔4〕 雑誌などからFTPサイトを調査し，例えば"ftp://ホスト名/パス名/ファイル名"を実行せよ。

〔5〕 Telnet クライアント→サーバ：きわめて短いパケットが多数送られる
Telnet サーバ→クライアント：比較的短いパケットがときどき送られる

〔6〕 Internet Explorer：[表示][ソース]
〈HTML〉：HTML記述の開始を示す
〈HEAD〉：HTML記述の先頭
その他はHTML記述の参考書を参照せよ。

〔7〕 ネットワークの輻輳によってクライアントからの要求がWWWサーバに届かないか，あるいはWWWサーバからのデータが届いていないにもかかわらずサーバがTCP接続を終了していることがある。ブラウザには再読出し（リロード）機能があるのでメニューバーなどから指定する。

〔8〕 FTPサーバからは応答コード 550, 221（表7.6）が返される。WWWサーバからは応答コード 404（表7.10）が返される。そのまま応答コードを表示するかどうかはブラウザのソフトウェアに依存する。

〔9〕 メールサーバとWEBメールサーバ間はSMTP/POP/IMAPなどで，WEBメールサーバとユーザ間はHTMLでやり取りされる。ユーザインターフェイスがブラウザであり，使いやすいという特徴がある。

〔10〕 加熱する理由：相手の表情といった周囲の状況がわからない，発言の証拠が残る，端末を相手にすると攻撃的になりやすい，等々。
対策：すぐには反論しない，極端な意見は無視する，読まなかったことにする，等々。

8 章

〔1〕 ホスト2の経路制御表

ネットワークアドレス	ネットマスク	ルータアドレス	インターフェイス	メトリック
10.1.1.0	255.255.255.0	10.1.1.12	10.1.1.12	1
127.0.0.0	255.0.0.0	127.0.0.1	127.0.0.1	1
0.0.0.0	0.0.0.0	10.1.1.1	10.1.1.12	1

〔2〕 下記に実行例を示す。

```
Active Routes:

Network Address         Netmask      Gateway Address      Interface    Metric
      0.0.0.0           0.0.0.0       133.86.aa.gg       133.86.aa.bb    1
    127.0.0.0         255.0.0.0         127.0.0.1          127.0.0.1     1
   133.86.aa.0       255.255.255.0    133.86.aa.bb       133.86.aa.bb    1
   133.86.aa.bb     255.255.255.255    127.0.0.1          127.0.0.1     1
   133.86.255.255   255.255.255.255   133.86.aa.bb       133.86.aa.bb    1
    224.0.0.0         224.0.0.0       133.86.aa.bb       133.86.aa.bb    1
   255.255.255.255  255.255.255.255   133.86.aa.bb       133.86.aa.bb    1
```

〔3〕 ネットワーク C →ネットワーク E：まずルータ R2 へ IP データグラムが送られる。表 8.3 においてネットワーク E へは R3(IF4) を経由することが記載されているので R3 へ送られる。R3 はネットワーク E に直接接続しているのでネットワーク C からの IP を転送する。

　ネットワーク C →インターネット：まずルータ R2 へ IP データグラムが送られる。表 8.3 においてデフォルトルートに従って R1(IF3) へ送られる。さらに R1 のデフォルトルートに従ってインターネットに転送される。

〔4〕 ルータ 1 については本文に記載されている。ルータ R2 はルータ R3 からネットワーク D, E の経路情報を受け取る。この経路情報からルータ R2 の表が完成する。また，ルータ R3 はルータ R2 からネットワーク A, C の経路情報を受け取る。この経路情報からルータ R3 の表が完成する。

〔5〕
　　IP ヘッダ：

　　　　| 45 | 00 | 00 5C | 00 64 | 40 00 | 40 | 11 | cs um |
　　　　| 0B16XXXX | 0B16FFFF |

　　UDP ヘッダ：

　　　　| 0208 | 0208 | 0040 | 0000 |

　　RIP データ：

　　　　| 02 | 01 | 0000 | 00020000 | 0B162100 | 00000000 | 00000000 |
　　　　| 00000002 | 00020000 | 0B162C00 | 00000000 | 00000000 |
　　　　| 00000001 | 00020000 | 0B163700 | 00000000 | 00000000 | 00000010 |

〔6〕 ルータ R1 の表を示す。

174　　ヒ　ン　ト　と　略　解

NW	R	IF	hop
N1	R1	略	1
N2	R2	略	2
N3	R1	略	1
N4	R3	略	2
N5	R4	略	3

〔7〕 コマンドプロンプトから"ipconfig -all"を実行せよ。

〔8〕

	N1	N2	N3	N4	N5	R1	R2	R3	R4	R5	R6
0	∞	∞	∞	∞	∞	∞	∞	0	∞	∞	∞
1	∞	∞	1	2	∞	∞	∞	0	∞	∞	8
2	∞	∞	1	2	∞	1	1	0	1	14	8
3	4	∞	1	2	∞	1	1	0	1	14	8
4	4	4	1	2	∞	1	1	0	1	14	8
5	4	4	1	2	∞	1	1	0	1	9	8
6	4	4	1	2	∞	1	1	0	1	9	8
7	4	4	1	2	∞	1	1	0	1	9	8
8	4	4	1	2	∞	1	1	0	1	9	8
9	4	4	1	2	∞	1	1	0	1	9	8
10	4	4	1	2	17	1	1	0	1	9	8

網掛け部は最短経路が見つかったことを示す。

〔9〕 JPNIC(http://www.nic.ad.jp/) などを調査せよ。

〔10〕 検索サイトなどを使って IX 運営会社を調査せよ。

9 章

〔1〕 ワードパッドなどを用いて hosts ファイルを参照できる。#より右はコメントである。

〔2〕 ［ネットワーク接続］［ローカルエリア接続］［プロパティ］［インターネットプロトコル(TCP/IP)］［プロパティ］。または，コマンドプロンプトから"ipconfig -all"を実行せよ。

〔3〕 ftp://ftp.rs.internic.net/domain/named.root を参照のこと。このうち，日本国内のルートサーバに関する記述を以下に示す。

```
; housed in Japan, operated by WIDE
;
.                        3600000     NS    M.ROOT-SERVERS.NET.
M.ROOT-SERVERS.NET.      3600000     A     202.12.27.33
```

〔4〕
```
04 1E 00 35 00 29 00 00 │00 05│ │01 00│ │00 01│ │00 00│ │00 00│ │00 00│ 03 77 77 77
05 78 78 78 2D 75 02 61 63 02 6A 70 00 │00 01│ │00 01│
```

〔5〕
```
0000  00 05 85 80 00 01 00 01  00 02 00 02 識別子，フラグ，質問数等
                               03 77 77 77  ..・.........www
0010  04 63 69 74 79 08 68 61  63 68 69 6F 6A 69 05 74  .city.hachioji.t
0020  6F 6B 79 6F 02 6A 70 00  00 01 00 01 質問
                                            C0 0C 00 01  okyo.jp.....タ...
0030  00 01 00 01 51 80 00 04  GG HH II JJ 回答
                               04 63 69 74  ....Q□..・.I.cit
0040  79 08 68 61 63 68 69 6F  6A 69 05 74 6F 6B 79 6F  y.hachioji.tokyo
0050  02 6A 70 00 00 02 00 01  00 01 51 80 00 0E 03 6E  .jp......Q□...n
0060  73 39 04 6D 65 73 68 02  61 64 C0 50 オーソリティその1
                                            C0 3C 00 02  s9.mesh.adタP タ<.
0070  00 01 00 01 51 80 00 0A  07 6E 61 6D 65 73 76 34  ....Q□...namesv4
0080  C0 62 オーソリティその2
            C0 5E 00 01 00 01  00 01 51 80 00 04 85 CD  タbタ^......Q□.・
0090  10 86 追加情報その1
            C0 78 00 01 00 01  00 01 51 80 00 04 85 CD  .・x......Q□.・
00A0  40 87 追加情報その2
```

〔6〕 ［ネットワーク接続］［ローカルエリア接続］［プロパティ］［インターネットプロトコル(TCP/IP)］［プロパティ］IPアドレスを自動的に取得。

〔7〕 そのまま廃棄する。

〔8〕 IPアドレスがASCIIコードで送られる。この部分も変換する必要がある。変換によって，ASCIIコードとしてのIPアドレスの文字数（長さ）が変わる可能性がある。短くなったときは0を挿入し，チェックサムを計算し直す。長くなったとき，TCPヘッダの通し番号（seq），受信確認番号（ack）を変更し，チェックサムも計算し直さなければならない。

〔9〕 DHCP：ネットワークを同時に利用するコンピュータ数だけIPアドレスを用意すればよい。接続する可能性のあるすべてのホストに対してIPアドレスを割り当てる必要がない。

プライベートIPアドレス：広域IPアドレスを必要とする部分はインターネットとの接続点だけである。

〔10〕 利点：同一の外部アクセスに対して，キャッシュを利用できるので利用者の応答が速くなる。外部のトラフィックを増加させない。

欠点：専用のサーバが必要となる。コストがかかるので中規模以上のネットワークで有効である。

176   ヒ ン ト と 略 解

プロキシサーバの設定法：Internet Explorer において，［ツール］，［インターネットオプション］，［接続］，［LAN の設定］，［プロキシサーバーを使用する］［詳細］，［プロキシの設定］を指定し，［サーバー］としてサーバとポート番号を設定する．同様に，同［例外］にサーバ名を指定するとプロキシを経由しないアクセスが行われる．

10 章

〔1〕 下記のホームページを調査せよ．
　　　http://www.npa.go.jp/（警察庁）
　　　http://www.ipa.go.jp/（情報処理推進機構）
　　　http://www.jpcert.or.jp/（JPCERT コーディネーションセンター）
〔2〕 電話帳が与えられたとき，氏名から電話番号を検索することは容易であるが，電話番号から氏名を探すことは困難である．
〔3〕

文字数	5 文字	6 文字	7 文字	8 文字
26	20 分	8.6 時間	9.3 日	242 日
50	8.7 時間	18 日	2.5 年	124 年

〔4〕 IP アドレスをチェックして，業務上アクセスが不要と思われるサイトへのアクセスを中継しない．
〔5〕 TFTP（Trivial FTP）は，元来ディスクレスコンピュータに対してシステムの初期設定に用いるプロトコルである．TFTP を許すと，ディスクの読出し/書込みが実行されてしまうため危険である．
〔6〕 利用者名などの情報が表示される．不正な攻撃の糸口となりうるので制限すべきである．
〔7〕 検索サイトなどを使ってファイアウォールや侵入検知システムを調査せよ．
〔8〕 例えば，下記サイトのウイルスに関する情報提供を調査せよ．
　　　http://www.mcafee.com/japan/
〔9〕 マイクロソフト社 WORD を用いたマクロの作成の例：［ツール］［マクロ］［新しいマクロの記録］，マクロ名の記入，［ツールバー］［編集］［置換］
　　　検索する文字列：ユーザ，置換後の文字列：利用者，［すべて置換］[閉じる]，［記録終］［ツール］［マクロ］［記録終了］
　　　マクロの実行：［ツール］［マクロ］［マクロ］，マクロ選択，［実行］

マクロの編集：[ツール][マクロ][マクロ][編集]
作成されたマクロの例

```
Sub Macro1()
'
' Macro1 Macro
' 記録日 YY/MM/DD 記録者 作成者名
'
    Selection.Find.ClearFormatting
    Selection.Find.Replacement.ClearFormatting
    With Selection.Find
        .Text = "ユーザ"
        .Replacement.Text = "利用者"
        .Forward = True
        .Wrap = wdFindContinue
        .Format = False
        .MatchCase = False
        .MatchWholeWord = False
        .MatchWildcards = False
        .MatchSoundsLike = False
        .MatchAllWordForms = False
        .MatchByte = False
        .MatchFuzzy = True
    End With
    Selection.Find.Execute Replace:=wdReplaceAll
End Sub
```

〔10〕スパムメールとは，意味不明あるいは内容のない電子メールが大量に送信されることである。つぎの防止策が考えられる。（1）MAIL コマンドを調べ電子メールの発信者が正当な利用者であるかどうかチェックする。（2）MAIL コマンドおよび RCPT コマンドを解析し，外部から外部への電子メールは中継しない。（3）電子メールの発信ホストが存在するかどうか逆引き DNS を用いて調べる。（4）スパムメールの発信元が特定できた場合，そのホストからの電子メールは受け取らず中継もしない。（5）一つの電子メールを一定数以上中継するよう要求されたときは発信を拒否する。

11 章

〔1〕UPS の利用，定期的なバックアップ，ミラーディスクの使用，FDDI 接続と ATM 接続の併用など。漏電チェックの際には高電圧をかけるので，コンピュータのコンセントは必ず抜いておくこと。

〔2〕ディスククリーンアップ，ディスクデフラグ他

〔3〕利点：動作環境（温度など）が安定するのでこわれにくい

178　　ヒ　ン　ト　と　略　解

　　　　欠点：エネルギーを消費し，電気料金がかさむ
〔4〕　［ネットワーク接続］［ローカルエリア接続］［プロパティ］［インターネットプロトコル(TCP/IP)］［プロパティ］
〔5〕　例えば，マイクロソフト社のホームページ www.microsoft.com に対して複数の IP アドレスが用意されている。CyberKit と呼ばれるソフトウェアで提供されている nslookup を用いて確かめることができる。CyberKit には，ping, tracert なども提供されている。
〔6〕　　　　　　　　1111 0101　　(0000 1010 の反転)
　　　　　　　＋0110 0100
　　　　　　　1 0101 1001
　　　　　　　＋   1
　　　　　　　　 0101 1010
〔7〕　図 11.7(a) に対し，下記の 3 ビット誤りを見逃す。
　　　　　　　　　000 1 0 010
　　　　　　　＋1111 0 110
　　　　　　　1 0000 1000
　　　　3 ビット誤りを含んだ計算例
〔8〕　#4500 0030 5574 0000 1006 2222 1010 0101 2020 0202
〔9〕　netstat -a の実行例

```
Active Connections
  Proto  Local Address      Foreign Address       State
  TCP   自分のホスト名:1036   接続先ホスト名:telnet   ESTABLISHED
```

〔10〕　例えば，下記サイトから LAN アナライザあるいはソフトウェアを調査せよ。
　　　　http://www.toyo.co.jp/,　http://lantech.co.jp/

12 章

〔1〕　並列処理はある一つの仕事を複数の演算装置で分担して高性能を達成する方法である。並行処理は独立した複数の仕事を 1 台のサーバが見かけ上並列に実行する方法である。
〔2〕　下記のサイトを参照せよ。

ヒントと略解 179

　　　http://www.microsoft.com/から"winsock"を検索せよ。
　　　http://www.sockets.com/

〔3〕 Visual C++を起動し，[ヘルプ]，[検索]からキーワードとして WSADATA を指定して検索できる。同様に，構造体 sockaddr_in, sockaddr の仕様も調べることができる。

〔4〕 例えば，daytime は 13/tcp および 13/udp，telnet は 23/tcp と表されている。

〔5〕 構造体 protoent および servent の構成を示す（winsock.h より）。

```
struct protoent {
    char    FAR * p_name;           /* プロトコル名 */
    char    FAR * FAR * p_aliases;  /* エイリアス */
    short   p_proto;                /* プロトコル番号 */
};
struct servent {
    char    FAR * s_name;           /* サービス名 */
    char    FAR * FAR * s_aliases;  /* エイリアス */
    short   s_port;                 /* ポート番号 */
    char    FAR * s_proto;          /* プロトコル */
};
```

〔6〕 Winsock 用のライブラリは Microsoft Visual Studio¥Vc 98¥Lib¥Wsock 32.lib に用意されている。[プロジェクト][設定][リンク][オブジェクト/ライブラリモジュール]に Wsock 32.lib を追加する。

〔7〕 gethostbyaddr()を用いたプログラム

```
#include <iostream.h>
#include <winsock.h>
void main()
{
    WSADATA wsaData;
    struct  hostent *host;
    char    IP_addr[20];
    u_long  ulIP_addr;
    int     err;
    if((err = WSAStartup(0x101,&wsaData)) != 0)
        {cout << "WSAStartup error with code " << err << endl;
         WSACleanup(); return;}
    cout << "enter host IP address" << endl;
    cin >> IP_addr;
    ulIP_addr = inet_addr(&IP_addr[0]);
    if ((host = gethostbyaddr((char *)&ulIP_addr,4,PF_INET)) == NULL)
        {cout << "gethostbyaddr error with code " << WSAGetLastError() << endl;
         WSACleanup(); return;}
    cout << "host_name = " << host->h_name << endl;
    WSACleanup();
}
```

〔8〕 getservbyname()を用いたプログラム

```
#include <iostream.h>
#include <winsock.h>
void main()
{
        WSADATA wsaData;
        char    serv_name[20];
        char    proto_name[20];
        struct  servent *serv;
        int     err;
        if((err = WSAStartup(0x101,&wsaData))!=0)
            {cout << "Startup failure " << err << endl;
             WSACleanup(); return;}
        cout << "enter service name " << endl; cin >> serv_name;
        cout << "enter protocol name" << endl; cin >> proto_name;
        if((serv = getservbyname(&serv_name[0],&proto_name[0])) == NULL)
            {cout << "getservbyname error with code " << WSAGetLastError() << endl;
             WSACleanup(); return;}
        cout << "serv_port = " << ntohs(serv->s_port) << endl;
        WSACleanup();
}
```

〔9〕 hosts ファイルにホスト名と IP アドレスの組を記述し，図 12.9 で示されるプログラムを実行せよ．

〔10〕 実際に確かめてみよ．2 個目の recv() は必要ない．

索引

【あ】

アプリケーションゲートウェイ　115
アプリケーション層　15, 70

【い】

イエローケーブル　26
イーサネットアドレス　32
イーサネットタイプ　33
イーサネットフレーム　32
1の補数表現　128
一方向関数　111
インターネット接続業者　6
インターネット相互接続点　7, 96
イントラネット　6

【う】

ウィンドウ　59
ウエルノウンポート　58

【え】

エクストラネット　7

【お】

オーソリティ　101
オプション　45, 60

【か】

カットスルー方式　39

【き】

逆引きDNS　103
距離ベクトル法　89

緊急ポインタ　59

【く】

クライアント/サーバ　135

【こ】

広域IPアドレス　105
国名コード　8
コネクション指向通信　56
コネクションレス通信　57

【さ】

再帰照会　101
最善努力型　16
サービスタイプ　44
サブネットマスク　12
サブネットワーク　12
3層スイッチ　54

【し】

始点IPアドレス　45
始点ポート　57
自動ネゴシエーション機能　29, 41
シャドウパスワードファイル　112
終端抵抗　26
終点IPアドレス　45
終点ポート　58
10BASE-T　21
受信確認番号　58
寿命　44
自律システム　95

【す】

スイッチングハブ　6, 39
スター型　6
ストアアンドフォワード方式　40

【せ】

静的経路制御　86
セキュリティホール　110, 116
1000BASE-LX/SX　24
1000BASE-T　21
1000BASE-TX　24

【そ】

ソケット　135

【た】

待機型システム　123
ダイクストラ法　94
第2レベルドメイン名　9
ダイヤルアップ接続　6
多変形型　120

【ち】

チェックサム　59, 128

【つ】

通信規約　5

【て】

データオフセット　58
データグラム長　44
データストライピング　124

索引

【て】
データリンク層 15, 30
デフォルト経路 88

【と】
同軸ケーブル 26
動的経路制御 86
通し番号 58
ドット付き10進記法 11, 143
トップレベルドメイン名 8
ドメイン 5
ドメイン名 5
トランシーバ 26
トランスポート層 15, 56

【に】
2重スピードハブ 40
2層スイッチ 40
日本ネットワークインフォメーションセンター 4

【ね】
ネットワークアドレス変換法 106
ネットワーク解析用コマンド 130
ネットワーク機器性能測定装置 133
ネットワーク層 15, 42
ネットワークプリンタ 54
ネットワークモニタ 133
ネームサーバ 99

【は】
パケットフィルタリング 115
バス型 6
パスワード 111
パスワードファイル 111
バックオフ時間 36
ハブ 28

【ひ】
バリアセグメント 114
版 44

ピアリング 97
光ファイバ 27
非同期型関数 153
非武装地帯 116
非プリエンプティブ型マルチタスク処理 153
非ブロッキング型関数 153
100BASE-FX 22
100BASE-TX 21

【ふ】
ファイアウォール 113
フォールトトレラントコンピュータ 123
物理アドレス 30
物理層 14, 17
ブートクライアント 105
ブートサーバ 105
プライベートIPアドレス 105
フラグ 44
フラグメントオフセット 44
フラグメント識別子 44
プリアンブル 32
プリエンプティブ型マルチタスク処理 153
ブリッジ 39
フレームチェック系列 33
フレームリレー 15
プロキシサーバ 108
ブロッキング型関数 153
プロトコル 5, 45
プロトコルスタック 15

【へ】
並行処理 135
並列型システム 123

【ほ】
ヘッダチェックサム 45
ヘッダ長 44

防火壁 113
ホスト 5
ポート番号 57
ポリモーフィック型 120

【ま】
マクロ型ウイルス 119
マルチホーム接続 127
マンチェスタ符号 22

【み】
ミラーディスク 124

【む】
無停電電源装置 126

【め】
メディア変換リピータ 28

【よ】
要塞ホスト 114

【ら】
落雷 126

【り】
リゾルバ 99
リピータ 28
リング型 6
リンク状態法 92

【る】
ルータ 14, 53, 86
ループバックネットワーク 88

索引

【A】
accept()	147
ACK フラグ	59
APOP コマンド	74, 112
ARP	47
arp コマンド	130
AS	95
ATM	15
AUI	20

【B】
best effort 型	16
BGP	96
bind()	146
bootpc	58
bootps	58

【C】
chargen	58
CIDR	13
closesocket()	147
connect()	146
CSMA/CD	20, 35

【D】
daytime	58
DHCP	67, 104
discard	58
DMZ	116
DNS	99
domain	58

【E】
echo	58
EGP	96

【F】
FCS	33
FIN フラグ	59
FTP	76
ftp-data	58

【G】
gethostbyaddr()	141
gethostbyname()	141
gethostname()	142
getprotobyname()	142
getprotobynumber()	142
getservbyname()	142
getservbyport()	142

【H】
HTML	82
htonl()	145
htons()	145
HTTP	82

【I】
ICANN	4
ICMP	50
IEEE	4
IEEE 802 標準	38
IETF	4
IGP	95
inet_addr()	143
inet_ntoa()	143
IP	42
ipconfig コマンド	131
IPv6	44, 107
IP アドレス	10
IP データグラム	42
IP ヘッダ	43
IP マスカレード	107
IP ルーティング	86
ISO	4
ISOC	4
ISP	6
ITU	4
IX	7, 96

【J】
JPNIC	4

【L】
LAN	5
LAN アナライザ	132
listen()	147

【M】
MAC アドレス	32
MAU	20
MII	20
MTU	32
MX 指定	103

【N】
NAPT	107
NAT	106
netstat コマンド	130
NFS	67
nslookup コマンド	132
ntohl()	145
ntohs()	145

【O】
OSPF	92

【P】
PASV コマンド	77, 117
ping コマンド	131
Pluribus	122
POP3	73
PORT コマンド	79, 117
PSH フラグ	59

【R】
RAID	124
recv()	148
recvfrom()	148
RFC	4

RIP	67, 89	
RJ-45 コネクタ	24	
RST フラグ	59	

【S】

send()	148
sendto()	148
SFD 部	32
SINET	95
SMTP	71
SNMP	67
socket()	145
SYN フラグ	59

【T】

TCP	14, 57
TCP セグメント	57
TCP ヘッダ	57
tcpdump	133
TCP/IP	14
Telnet	79
tracert コマンド	131
TTL	44
TTL 超過	131

【U】

UDP	67
UPS	126
URG フラグ	59
URL	84
UTP ケーブル	24

【W】

WAN	5
Winsock	135
WSACleanup()	139
WSAGetLastError()	139
WSAStartup()	138
WWW	1
WWW ブラウザ	82

―― 著 者 略 歴 ――

1977 年　大阪大学基礎工学部情報工学科卒業
1979 年　大阪大学大学院博士前期課程修了（情報工学専攻）
1979 年　株式会社日立製作所勤務
1988 年　工学博士（大阪大学）
1990 年　千葉大学助教授
1996 年　東京都立大学教授
2005 年　首都大学東京教授
　　　　現在に至る

ネットワークシステム構成論
Network System Structure　　　　　　　　　　　　　　　Ⓒ Kazuhiko Iwasaki　2000

2000 年 5 月18日　初版第 1 刷発行
2019 年 2 月20日　初版第11刷発行

	著　者	岩　崎　一　彦
検印省略	発行者	株式会社　コロナ社
	代表者	牛　来　真　也
	印刷所	新日本印刷株式会社
	製本所	有限会社　愛千製本所

112-0011　東京都文京区千石 4-46-10
発 行 所　株式会社　コロナ社
CORONA PUBLISHING CO., LTD.
Tokyo Japan

振替00140-8-14844・電話(03)3941-3131(代)
ホームページ　http://www.coronasha.co.jp

ISBN 978-4-339-02374-9　C3055　Printed in Japan　　　　　　　　（藤田）

JCOPY　<出版者著作権管理機構　委託出版物>
本書の無断複製は著作権法上での例外を除き禁じられています。複製される場合は，そのつど事前に，出版者著作権管理機構（電話 03-5244-5088，FAX 03-5244-5089，e-mail: info@jcopy.or.jp）の許諾を得てください。

本書のコピー，スキャン，デジタル化等の無断複製・転載は著作権法上での例外を除き禁じられています。購入者以外の第三者による本書の電子データ化及び電子書籍化は，いかなる場合も認めていません。
落丁・乱丁はお取替えいたします。

電子情報通信レクチャーシリーズ

■電子情報通信学会編　　　（各巻B5判）

共通

記号	配本順	書名	著者	頁	本体
A-1	(第30回)	電子情報通信と産業	西村吉雄著	272	4700円
A-2	(第14回)	電子情報通信技術史 ―おもに日本を中心としたマイルストーン―	「技術と歴史」研究会編	276	4700円
A-3	(第26回)	情報社会・セキュリティ・倫理	辻井重男著	172	3000円
A-4		メディアと人間	原島博／北川高嗣共著		
A-5	(第6回)	情報リテラシーとプレゼンテーション	青木由直著	216	3400円
A-6	(第29回)	コンピュータの基礎	村岡洋一著	160	2800円
A-7	(第19回)	情報通信ネットワーク	水澤純一著	192	3000円
A-8		マイクロエレクトロニクス	亀山充隆著		
A-9		電子物性とデバイス	益一哉／天川修平共著		

基礎

記号	配本順	書名	著者	頁	本体
B-1		電気電子基礎数学	大石進一著		
B-2		基礎電気回路	篠田庄司著		
B-3		信号とシステム	荒川薫著		
B-5	(第33回)	論理回路	安浦寛人著	140	2400円
B-6	(第9回)	オートマトン・言語と計算理論	岩間一雄著	186	3000円
B-7		コンピュータプログラミング	富樫敦著		
B-8	(第35回)	データ構造とアルゴリズム	岩沼宏治他著	208	3300円
B-9		ネットワーク工学	仙石正和／田村裕／中野敬介共著		
B-10	(第1回)	電磁気学	後藤尚久著	186	2900円
B-11	(第20回)	基礎電子物性工学 ―量子力学の基本と応用―	阿部正紀著	154	2700円
B-12	(第4回)	波動解析基礎	小柴正則著	162	2600円
B-13	(第2回)	電磁気計測	岩﨑俊著	182	2900円

基盤

記号	配本順	書名	著者	頁	本体
C-1	(第13回)	情報・符号・暗号の理論	今井秀樹著	220	3500円
C-2		ディジタル信号処理	西原明法著		
C-3	(第25回)	電子回路	関根慶太郎著	190	3300円
C-4	(第21回)	数理計画法	山下信雄／福島雅夫共著	192	3000円
C-5		通信システム工学	三木哲也著		
C-6	(第17回)	インターネット工学	後藤滋樹／外山勝保共著	162	2800円
C-7	(第3回)	画像・メディア工学	吹抜敬彦著	182	2900円

	配本順				頁	本体
C-8	(第32回)	音声・言語処理	広瀬啓吉著		140	2400円
C-9	(第11回)	コンピュータアーキテクチャ	坂井修一著		158	2700円
C-10		オペレーティングシステム				
C-11		ソフトウェア基礎				
C-12		データベース				
C-13	(第31回)	集積回路設計	浅田邦博著		208	3600円
C-14	(第27回)	電子デバイス	和保孝夫著		198	3200円
C-15	(第8回)	光・電磁波工学	鹿子嶋憲一著		200	3300円
C-16	(第28回)	電子物性工学	奥村次徳著		160	2800円

展開

	配本順				頁	本体
D-1		量子情報工学				
D-2		複雑性科学				
D-3	(第22回)	非線形理論	香田徹著		208	3600円
D-4		ソフトコンピューティング				
D-5	(第23回)	モバイルコミュニケーション	中川正雄 大槻知明 共著		176	3000円
D-6		モバイルコンピューティング				
D-7		データ圧縮	谷本正幸著			
D-8	(第12回)	現代暗号の基礎数理	黒澤馨 尾形わかは 共著		198	3100円
D-10		ヒューマンインタフェース				
D-11	(第18回)	結像光学の基礎	本田捷夫著		174	3000円
D-12		コンピュータグラフィックス				
D-13		自然言語処理				
D-14	(第5回)	並列分散処理	谷口秀夫著		148	2300円
D-15		電波システム工学	唐沢好男 藤井威生 共著			
D-16		電磁環境工学	徳田正満著			
D-17	(第16回)	VLSI工学 ―基礎・設計編―	岩田穆著		182	3100円
D-18	(第10回)	超高速エレクトロニクス	中村友 島義徹 三 共著		158	2600円
D-19		量子効果エレクトロニクス	荒川泰彦著			
D-20		先端光エレクトロニクス				
D-21		先端マイクロエレクトロニクス				
D-22		ゲノム情報処理				
D-23	(第24回)	バイオ情報学 ―パーソナルゲノム解析から生体シミュレーションまで―	小長谷明彦著		172	3000円
D-24	(第7回)	脳工学	武田常広著		240	3800円
D-25	(第34回)	福祉工学の基礎	伊福部達著		236	4100円
D-26		医用工学				
D-27	(第15回)	VLSI工学 ―製造プロセス編―	角南英夫著		204	3300円

定価は本体価格+税です。
定価は変更されることがありますのでご了承下さい。

図書目録進呈◆

情報ネットワーク科学シリーズ

(各巻A5判)

コロナ社創立90周年記念出版 〔創立1927年〕

- ■電子情報通信学会 監修
- ■編集委員長 村田正幸
- ■編 集 委 員 会田雅樹・成瀬 誠・長谷川幹雄

本シリーズは，従来の情報ネットワーク分野における学術基盤では取り扱うことが困難な諸問題，すなわち，大量で多様な端末の収容，ネットワークの大規模化・多様化・複雑化・モバイル化・仮想化，省エネルギーに代表される環境調和性能を含めた物理世界とネットワーク世界の調和，安全性・信頼性の確保などの問題を克服し，今後の情報ネットワークのますますの発展を支えるための学術基盤としての「情報ネットワーク科学」の体系化を目指すものである．

シリーズ構成

配本順			頁	本体
1.（1回）	情報ネットワーク科学入門	村田正幸 編著 成瀬 誠	230	3000円
2.（4回）	情報ネットワークの数理と最適化 ―性能や信頼性を高めるためのデータ構造とアルゴリズム―	巳波弘佳 共著 井上武	200	2600円
3.（2回）	情報ネットワークの分散制御と階層構造	会田雅樹 著	230	3000円
4.（5回）	ネットワーク・カオス ―非線形ダイナミクス，複雑系と情報ネットワーク―	中尾裕也 長谷川幹雄 共著 合原一幸	262	3400円
5.（3回）	生命のしくみに学ぶ 情報ネットワーク設計・制御	若宮直紀 共著 荒川伸一	166	2200円

定価は本体価格+税です。
定価は変更されることがありますのでご了承下さい。

図書目録進呈◆